直前対策 QC検定3級

JN032744

合格をつかむ！
重要ポイントの総仕上げ

仁科 健　編

日本規格協会

監修・執筆者名簿

監修　仁科　健　愛知工業大学 教授

執筆　久保田　享　株式会社豊田自動織機

　　　　小林　久貴　株式会社小林経営研究所

　　　　澤田　昌志　株式会社アイシン

　　　　皆川　清彦　元 株式会社アイシン

　　　　古藤判次郎　一般財団法人日本規格協会

　　　　　　　　　（順不同，敬称略，所属は執筆時）

品質管理検定®，QC 検定® は，一般財団法人日本規格協会の登録商標です．

はじめに

　"合格をつかむ！QC 検定 3 級　重要ポイントの総仕上げ" を上梓します．本書は，QC 検定 3 級の合格を目指して学習をしてきた方に，試験直前の総仕上げとして活用していただく教材として執筆しました．ページを開いていただければおわかりのように，一つの項目を（原則）見開き 2 ページにまとめてあります．

　試験の直前には，これまで学習してきた内容の整理が必要です．そのための教材として活用していただければと思います．2 色刷，各項目の主題とポイントの提示など，学習ポイントをわかりやすくするための工夫を施しています．

　また，本書は，ハンドブック的に活用していただくことも念頭において執筆しています．実務の上で，ちょっとした確認をしておきたい，といった場面でも役立つのではないでしょうか．

　内容が網羅的であり，かつコンパクトなことから，QC 検定 3 級をこれから挑戦してみようと思われている方が，どのようなレベルを要求される検定なのかを俯瞰してみたい，といった場面でも使えます．

　執筆陣は QC 検定の指導はもとより，品質管理の第一線で活躍してきたベテラン講師の方々です．品質管理の本質を理解した上で，QC 検定へ挑戦されたい方をサポートする内容になっています．まず，試験直前の総仕上げにご活用ください．

　2024 年 1 月

監修　仁科　健

目　次

第 1 章　データの取り方とまとめ方

第 2 章　QC 七つ道具

第12章 品質保証：プロセス保証

第13章 品質経営の要素

品質管理検定（QC 検定）の概要

1. 品質管理検定（QC 検定）とは

　品質管理検定（QC 検定／https://www.jsa.or.jp/qc/）は，品質管理に関する知識の客観的評価を目的とした制度として，2005 年に日本品質管理学会の認定を受けて，日本規格協会が創設（2006 年より主催が日本規格協会及び日本科学技術連盟となる）したものです．

　本検定では，組織（企業）で働く人に求められる品質管理の "能力" を四つのレベルに分類（1～4 級）し，各レベルの能力を発揮するために必要な品質管理の "知識" を筆記試験により客観的に評価します．

　本検定の目的は，制度を普及させることで，個人の QC 意識の向上，組織の QC レベルの向上，製品・サービスの品質向上を図り，産業界全体のものづくり・サービスづくりの質の底上げに資すること，すなわち QC 知識・能力を継続的に向上させる産業基盤となることです．日本品質管理学会（認定）や日本統計学会（2010 年度統計教育賞受賞）などの外部からも高い評価を受けており，社会貢献度の高い事業としても認識されています．

2. QC 検定 3 級の内容

　3 級で認定する知識と能力のレベル並びに対象となる人材像は，次のとおりです．

認定する知識と能力のレベル

　QC 七つ道具については，作り方・使い方をほぼ理解しており，改善の進め方の支援・指導を受ければ，職場において発生する問題を QC 的問題解決法により，解決していくことができ，品質管理の実践についても，知識としては理解しているレベルです．基本的な管理・改善活動を必要に応じて支援を受けながら実施できるレベルです．

対象となる人材像

・業種・業態にかかわらず自分たちの職場の問題解決を行う全社員《事務，営業，サービス，生産，技術を含むすべて》
・品質管理を学ぶ大学生・高専生・高校生
　　＊各級の試験方法・試験時間・受検料等の〈試験要項〉及び〈合格基準〉は，QC検定センターのウェブサイトをご確認ください．

3. QC検定のお申込み方法

　QC検定試験では個人での受検申込みのほかに，団体での受検申込みをいただくことができます．

　団体受検とは，申込担当者が一定数以上の人数をまとめてお申込みいただく方法で，書類等は一括して担当者の方へ送付します．条件を満たすと受検料に割引が適用されます．

　個人受検と団体受検の申込み方法の詳細は，下記QC検定センターウェブサイトで最新の情報をご確認ください．

QC検定に関するお問合せ・資料請求先

一般財団法人日本規格協会　QC検定センター
専用メールアドレス　kentei@jsa.or.jp
QC検定センターウェブサイト
　　https://www.jsa.or.jp/qc/

本書の使い方

　本書は，QC 検定 3 級の合格を目指して，教科書・演習問題集・過去問題集で学習してきた方が，試験直前の総仕上げとして活用する教材です．そのため，QC 検定センターが公表している"品質管理検定レベル表（Ver.20150130.2)"の構成に沿って，短期間で効率的に要点を確認できるように，コンパクトなボリュームにまとめています．

　その一方で，"試験に出題されることだけを憶える"のではなく，"試験に合格した後も役に立つ，QC の本質的な内容を理解してもらう"ことにも配慮した教材となっています．試験前だけでなく，試験後も常に手の届くところに置いて，実務の場面で永くご活用ください．

本書の特長

- ・試験直前期に要点を確認できるよう，コンパクトにまとめている
- ・試験後にも役立つ，QC の本質的な内容にも配慮して記述している
- ・図や表の多用と，2 色刷により，学習ポイントがわかりやすい
- ・その項目の"重要度"が，星の数（★～★★★）でわかる
- ・"主題"と"ポイント"で，その項目の要点を明確にしている
- ・重要語句について，"キーワード"で詳しい解説をしている
- ・章末に，知識定着のための確認テストを設けている

主題とポイント

"主題"と"ポイント"で，その項目の要点を明確にしています．

重要度

出題頻度も参考に，重要と考えられる程度を，星の数（★～ ★ ★ ★）で表しています．

キーワード

特に重要な語句について，"キーワード"で詳しい解説をしています．

は，改善は工程に対して行うことになります．すなわち，改善対象は母集団でありサンプルではないこと，サンプルは改善するための手掛かりであることを知っておく必要があります．

Keyword 無限母集団と有限母集団

無限母集団と有限母集団の違いは，データ数に限りがあるかないかです．先の工程の例では，無限にその製品が組み立てられていくので無限母集団ということができます．一方，その製品を出荷する最小単位（ロット）に対し必要を考える抜取検査法では，そのロットは有限母集団ということができます．そして，合格が処置のための手掛かりとしてサンプルを取得します（有限母集団の場合，データ数によりますが，全数がサンプルになる場合があります）．

1.2 母集団とサンプルとばらつき　重要度 ★★☆

主題 品質管理のねらいは改善にあります．その改善の対象と改善の手掛かりとなるデータ取得の対象やその際のばらつきについて理解します．

Point

- 改善の対象は母集団であり，データ取得の対象はサンプル（標本）です．改善の手掛かりを得るためにデータを取得します．
- 適切な改善を行うには，サンプルが母集団を正しく代表していなければいけません．データ取得時の誤差を理解するとともに，適切な取得方法を理解します．

1 母集団とサンプル

例えば，ある製品を組み立てている工程があり，品質特性の一つが異常の傾向を示しているため，その事実を探るためにデータを取得するとします．このとき，製品を作り続ける工程が**母集団**（無限母集団）であり，取得したデータの集まりが**サンプル**（標本）となります．そして，その品質特性の異常が事実とすれ

母集団とサンプルの関係

2 ばらつき

サンプリングしたデータは必ず**ばらつき**をもちます．工程を構成する多くの要素は均一ではないので，製造のばらつきが生じます．サンプリングの結果は再現するわけではないので，サンプリングのばらつきが生じます．そして，計測の際にも測定のばらつきが生じます．データのばらつきは，これらのばらつきが集まった結果に現れます．

データのばらつき＝製造のばらつき＋サンプリングのばらつき
＋測定のばらつき

3 ランダムサンプリング

適切な改善が行われるためには，サンプルが母集団を正しく代表していなければいけません．そして，正しく代表するためにはサンプリングがポイントとなります．そのサンプリング方法はランダムサンプリングが基本です．

ランダムサンプリングとは，サンプリングにかたよりが生じないように，すなわちサンプリングする人の意思・意図が含まれないようにサンプルを無作為に抽出することです．反対に，意図したサンプリング方法を**有意サンプリング**といいます．

図・表

図・表を多用することで，学習内容をわかりやすく整理しています．

コンパクトな記述

試験直前期に要点を確認できるよう，コンパクトにまとめています．

確認テスト

章末に，知識定着のための確認テストを設けています．

第 **1** 章

データの取り方とまとめ方

1.1 データの種類

重要度
★☆☆

主題
事実に基づく管理のために，まずデータを取得しますが，そのデータの種類を正しく理解します．

Point

● データには数値で表すものと言葉で表すもの，数えられるものと数えられないもの，値に意味があるものとないもの，他との比較を表すものがあります．これらデータの正しい分類方法を理解します．

1 データの種類

データには**数値データ**（量的データ）と**言語データ**（質的データ）があります．数値データといっても連続的なデータ（計量値データ）もあれば，数えることができるデータ（計数値データ）もあります．また，言語データにも順序の意味をもつデータ（順序分類項目）と順序の意味をもたないデータ（分類項目）があります．言語データは数値化するのではなく，言語情報として解析する場合

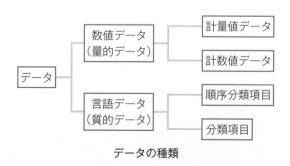

データの種類

〔例えば，特性要因図（2.3 節を参照）〕もあります．

　得られたデータを統計的に処理する（例えば，グラフにする）ために，データは，その性質を理解して正しく分類しなければいけません．

2 計量値データ

　計量値データは，測ることによって得られるデータで**連続的な値**を取ります．連続的とは小数点以下に無限の値が存在し，桁が連続している状態をいいます．

　しかしながら，連続的な値のデータであっても，比率データの一部は計数値データに分類されます．比率のデータは分子の値を分母の値で割って算出するので連続的な値になりますが，分子が計数値の場合はその比率データは計数値データとして分類されます．

3 計数値データ

　計数値データは，数えることによって得られるデータで**不連続な値**を取ります．不連続とは不適合品の数のように，1 個，2 個，…，と離散的な値のことをいいます．

4 言語データ

　例えば，教室の組分けの 1 組，2 組，…，などは大きさには意味がありません．このようなデータは**分類項目**といいます．一方，運動会の 100 m 走の，1 位，2 位，…，はゴールへの到着順，QC 検定の 1 級，2 級，…，は受験の難しさなど，順序の意味をもちます．このようなデータを**順序分類項目**といいます．

例 1　身長や体重のデータ・・・計量値データ

例 2　不適合品個数や総欠点数・・・計数値データ

例 3　成分含有率〔成分質量（計量値）／総質量（計量値）〕・・・計量値データ

例 4　製品合格率〔適合数（計数値）／生産数（計数値）〕・・・計数値データ

例 5　野菜や果物の等級（1 級品，2 級品）・・・順序分類項目

例 6　スポーツ選手のゼッケン・・・分類項目

例 7　自由意見アンケートのキーワード・・・分類項目

例 8　ABO 式の血液型・・・分類項目

品質管理のねらいは改善にあります．その改善の対象と改善の手掛かりとなるデータ取得の対象やその際のばらつきについて理解します．

Point

- 改善の対象は母集団であり，データ取得の対象はサンプル（標本）です．改善の手掛かりを得るためにデータを取得します．
- 適切な改善を行うためには，サンプルが母集団を正しく代表していなければいけません．データ取得時の誤差を理解するとともに，適切な取得方法を理解します．

1 母集団とサンプル

　例えば，ある製品を組み立てている工程があり，品質特性の一つが異常の傾向を示しているため，その事実を探るためにデータを取得するとします．このとき，製品を作り続ける工程が**母集団**（無限母集団）であり，取得したデータの集まりが**サンプル**（標本）となります．そして，その品質特性の異常が事実とすれ

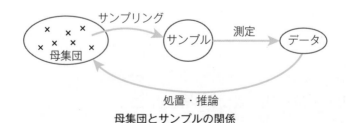

母集団とサンプルの関係

4

ば，改善は工程に対して行うことになります．すなわち，改善対象は母集団でありサンプルではないこと，サンプルは改善するための手掛かりであることを知っておく必要があります．

Keyword　無限母集団と有限母集団

　無限母集団と有限母集団の違いは，データ数に限りがあるかないかです．先の工程の例では，無限にその製品が組み立てられていくので無限母集団ということができます．一方，その製品を出荷する最小単位（ロット）に対し処置を考える抜取検査法では，そのロットは有限母集団ということができます．そして，改善や処置のための手掛かりとしてサンプルを取得します（有限母集団の場合，データ数によりますが，全数がサンプルとなる場合があります）．

2　ばらつき

　サンプリングしたデータは必ず**ばらつき**をもちます．工程を構成する多くの要素は均一ではないので，製造のばらつきが生じます．サンプリングの結果は再現するわけではないので，サンプリングのばらつきが生じます．そして，計測の際にも測定のばらつきが生じます．データのばらつきは，これらのばらつきが集まった結果として現れます．

データのばらつき＝製造のばらつき＋サンプリングのばらつき
＋測定のばらつき

3　ランダムサンプリング

　適切な改善が行われるためには，サンプルが母集団を正しく代表していなければいけません．そして，正しく代表するためにはサンプリングがポイントとなります．そのサンプリング方法はランダムサンプリングが基本です．

　ランダムサンプリングとは，サンプリングにかたよりが生じないように，すなわちサンプリングする人の意思・意図が含まれないようにサンプルを無作為に抽出することです．反対に，意図したサンプリング方法を**有意サンプリング**といいます．

1.3 基本統計量

重要度
★★★

 主題

分布（データの現れ方）の位置を表す統計量とばらつき（データの散らばり程度）を表す統計量には何があるか，また，それらの計算方法を理解します.

Point 🔍

- 位置を表す統計量には平均とメディアンがあります.
- ばらつきを表す統計量には偏差平方和，不偏分散，標準偏差があり，この三つはまとめて理解します. また，簡易的にばらつきを知る方法として範囲，四分位数，変動係数を理解します.

1 位置を表す統計量

■平均値（算術平均ともいう）：$\bar{x}$

分布の重心を表しており，バランスが取れた位置と考えます.

$$\bar{x}=\frac{\text{データの総和}}{\text{データの数}}=\frac{x_1+x_2+\cdots+x_n}{n}$$

■メディアン（中央値）：Me

得られたデータを大きさの順に並び変えたときの**中央のデータの値**です. ただし，データが偶数個のときは中央の二つの値の平均値とします. 平均値に比べて位置を推定する精度は低くなりますが，計算が簡便であること，データに異常値（**外れ値**）が含まれるときはその影響を受けにくいという利点があります.

2 ばらつきを表す統計量

■偏差平方和：S

　データのばらつきとは，個々の値と平均値との差の集まりと考えます．そして，個々の値と平均値との差を偏差といいます．しかし，偏差を集めてもその総和は 0 になり，ばらつきとしての統計量にはなり得ません．

$$（偏差の集まり）=(x_1-\bar{x})+(x_2-\bar{x})+\cdots+(x_n-\bar{x})=0$$

　そこで，偏差を二乗して加えます．偏差の二乗は個々の値と平均値の距離に変換（マイナスはプラスに，プラスはプラスに変換）する一つの方法です．この値を偏差平方和（平方和）といいます．

$$
\begin{aligned}
（偏差平方和：S）&=（偏差の二乗の集まり）\\
&=(x_1-\bar{x})^2+(x_2-\bar{x})^2+\cdots+(x_n-\bar{x})^2
\end{aligned}
$$

なお，データ数が多いときは下記の変換された式がよく使われます．

$$
\begin{aligned}
（\textbf{偏差平方和：}S）&=（\textbf{各データの二乗和}）-\frac{（\textbf{各データの総和}）^2}{\textbf{データ数}}\\
&=(x_1^2+x_2^2+\cdots+x_n^2)-\frac{(x_1+x_2+\cdots+x_n)^2}{n}
\end{aligned}
$$

　このように，偏差平方和はばらつきが大きいほど，値が大きくなる統計量です．

■不偏分散：V

　偏差平方和は式からわかるように，データ数が増えれば増えるほど大きくなります．例えば，二つの母集団があり，ばらつきを比較する際，サンプルのデータ数が異なる場合は比較することができません．そこで，一般的にデータ数−1（$n-1$）で割って平均化します．この値を不偏分散（分散）といい，$n-1$ のこと

を偏差平方和の**自由度**といいます.

$$(\text{不偏分散：} V) = \frac{\text{偏差平方和}}{(\text{データ数}-1)} = \frac{S}{n-1}$$

■**標準偏差：** s

偏差平方和も不偏分散も元のデータの二乗の形になっていますので，元のデータと比較ができるように不偏分散 V の平方根を取り，元のデータの単位に戻します．これを標準偏差といいます.

$$(\text{標準偏差：} s) = \sqrt{\text{不偏分散}} = \sqrt{V}$$

■**範囲：** R

一組のサンプルの最大値と最小値の差を範囲 R といいます．範囲も分布のばらつき（広がり具合）を表しています．しかし，最大値と最小値以外のデータは直接用いられないので，データ数が多いと情報量が低下します．したがって，範囲は，データ数が **10 以下**のときに多く用いられます.

$$(\text{範囲：} R) = (\text{最大値}-\text{最小値}) = x_{max} - x_{min}$$

■**四分位数（四分位範囲と四分位偏差）**

メディアン（中央値）のさらに上方・下方の中央値を四分位数といいます．小さい方から "25 パーセンタイル：第 1 四分位数（$Q1$）" "50 パーセンタイル：メディアン，中央値（$Q2$）" "75 パーセンタイル：第 3 四分位数（$Q3$）" と呼びます．この四分位数を使って四分位範囲と四分位偏差を算出します.

$$(\text{四分位範囲}) = Q3 - Q1, \quad (\text{四分位偏差}) = \frac{Q3 - Q1}{2}$$

四分位範囲，四分位偏差は，第 1 四分位数から第 3 四分位数までの範囲（データの中央 50% 部分の範囲）のことを指していますので，おおよそのデータの散らばり具合がわかります.

■**変動係数：** CV

平均値に対する標準偏差の比を変動係数といい，パーセントで表します．変動係数もばらつきを表す統計量の一つです．例えば，ばらつきが同じでも平均値が小さい方は，相対的に大きく変動していると考えることができます.

$$(\text{変動係数：} CV) = \frac{\text{標準偏差}}{\text{平均値}} \times 100 = \frac{s}{\bar{x}} \times 100 \, (\%)$$

確認テスト

問1 データの種類とサンプリングに関する説明文において，□□□内に入る
もっとも適切なものを下欄の選択肢から選びなさい．ただし，選択肢は複
数回使用可とする．

① デジタルで表示される体重計がある．実際の体重は □(1)□ データと
して区分する．また，この体重計で得られた測定値も □(2)□ データ
として区分する．

② 日常家電製品における，それぞれ1年間の故障回数のデータがある．
故障が製品重量と関係がないかを調査するため，□(3)□ データであ
る故障回数を □(4)□ データの重量で除し，比率データを求めた．こ
の比率データは，□(5)□ データとして扱う．

③ A工場では樹脂部品を成型している．毎日一番目の成型品（初品）
の品質チェックを行い，工程の状態を確認している．このとき，初品
は □(6)□ であり，成型工程は □(7)□ ということができる．また，
初品を抜き取るという抽出方法は □(8)□ ということができる．

④ A市の市長は市民アンケートを実施し，市政活動の参考にしたいと
考えている．そして，住民票から乱数表を活用して1割のアンケート
回答者を抽出することにした．このときアンケート回答者は
□(9)□ であり，その抽出方法は □(10)□ という．

【選択肢】

ア．計量値　　イ．計数値　　ウ．言語　　　エ．分類

オ．順位　　　カ．母集団　　キ．サンプル

ク．ランダムサンプリング　　ケ．有意サンプリング

問2 次のA群とB群の2種類のデータについて，表に示す統計量を求めなさ
い．

A群：12，15，16，19，21，25

B群：11，12，13，18，19，19，22，22

	平均 ($\bar{x}$)	メディアン (Me)	偏差平方和 (S)	不偏分散 (V)	標準偏差 (s)
A 群	(1)	(2)	(3)	(4)	(5)
B 群	(10)	(11)	(12)	(13)	(14)

	範囲 (R)	変動係数 (CV)	四分位範囲	四分位偏差
A 群	(6)	(7)	(8)	(9)
B 群	(15)	(16)	(17)	(18)

解答

問 1. （1）ア　　（2）ア　　（3）イ　　（4）ア　　（5）イ
　　　（6）キ　　（7）カ　　（8）ケ　　（9）キ　　（10）ク
問 2. （1）18　　（2）17.5　（3）108　（4）21.6　（5）4.648
　　　（6）13　　（7）0.258　（8）6　　（9）3　　（10）17
　　　（11）18.5　（12）136　（13）19.4　（14）4.408　（15）11
　　　（16）0.259　（17）8　　（18）4

第2章

QC 七つ道具

2.1 QC 七つ道具とは

主題

問題解決のステップを念頭において，QC 七つ道具の役割・活用を理解します.

Point

- 問題解決において，数値データの取得から可視化，及び問題解決の方向性を意思決定するために有効な手法群です.
- データは，"分ける" ことができるように取得します.
- 取得したデータは，分類して（分けて）可視化し，比較や傾向の把握をし，要因（原因と考えられるもの）を洗い出します.
- 計量値のデータであれば，"ばらつき（度数分布）" や "相関" も把握し，対策案を検討します.

1 データ

データには，計数値データと計量値データがあり，ともに事実を表しています．計数値データは取得が比較的簡単ですが，計量値データは正しい計測をする必要があります．取得したデータと，自身の経験や技能・固有技術を踏まえて対話するためには，"分けて考える" "時系列で考える" "分布を意識して考える" ことが重要であり，問題解決のヒントをたくさん得ることができます.

2 データの取得と可視化

問題を漫然と捉えていたら，解決を図ることはできません．**問題を分解**できるように，データは分類項目を決めて取得します．分類して**比較する**ことで，最初

に解決する問題点が明確になります．時系列データであれば傾向変化の有無を，計量値データであればばらつきの把握をして，**問題点の特徴**をつかみます．問題を解決するという**目的を意識**してデータの取得と可視化を行うことが重要です．

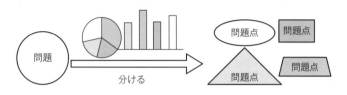

■データの取得と分類

最初に，ありたい姿を描き，ありたい姿とのギャップが把握できるように，さらに問題の中身（不適合項目，発生日，発生時間帯など）が把握できるようにデータを取得します．

■データの可視化と特徴把握

データを図にし，目でみて問題の内容や特徴を把握します．計量値のデータは分布として把握し，時間ごとに取得できているデータは時間による変化を把握します．

3 問題解決の方向性の意思決定

取得したデータを可視化して，自身の経験や技能・固有技術を踏まえて対話することによって，問題の原因と思われるもの・こと（**要因**）がわかってきます．すなわち原因と結果の関係（**因果関係**）が明確になってきます．これをもとに，問題解決の進め方を描くことができます．

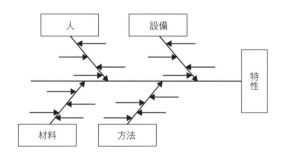

13

2.2 パレート図

主題

問題解決のステップを念頭において，QC 七つ道具のパレート図の役割・活用を理解します．

Point

- 現状把握（問題を明確化するステップ）において，問題の内容を項目ごとに分類し，項目ごとの問題の大きさを比較し，また上位項目からの累積比率を把握するために有効な手法です．
- 原因別の分類項目（層別）が望ましいのですが，現象別の分類項目でも構いません．
- パレートの法則が当てはまる分類項目であれば，問題解決のストーリーが描きやすくなります．
- 縦軸は，"ありたい姿"と"現状の姿"の差（問題の大きさ）を測った尺度を用いるとよくなります．
- 累積比率を算出しなくても，足し算だけでパレート図を描くことができます．

1 層別と分類

　原因系の要因で分類すると**層別**になります．層別して顕著な差が出れば原因の特定につながります．現状把握の初期では，層別にこだわることなく，思いついた項目で分けること（**分類**）からはじめて，差があるかどうかを確認します．問題を細分化・具体化でき，最初に解決を図る問題点を明確にできます．

14

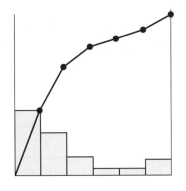

■棒グラフと円グラフの特徴を併せもつ

　パレート図は，棒グラフと円グラフの役割を併せもちます．安易にパレート図を活用するのではなく，分類項目の大きさの比較と上位項目からの累積比率の把握を行い，解決しようとしている問題の攻略方法を決定します．

2　パレートの法則の応用

　ジュラン博士（アメリカの経営学者，総合的品質管理の発展に多大なる貢献をした）が，パレートの 20：80 の法則が，"発生頻度上位 2 割のミスが，8 割の損害を与えている"という品質管理の法則にも当てはめられることを発見しました．これを適用し，優先的に解決を図る問題を選定します．

> ### 🔑 Keyword　　パレートの法則
>
> 　イタリアの経済学者パレートにより，富の偏在（所得分布の不均衡）で発見された法則です．2 割の高額所得者のもとに 8 割の富が集中し，残りの 2 割の富が 8 割の低所得者に配分されるというものです（20：80 の法則とも呼ばれます）．
> 　パレートは，この法則を自然科学や社会学的な視点でも検証し，20：80 の法則が様々な分野で適用できることを発見しました．

2.3 特性要因図

重要度
★★★

 主題

　問題解決のステップを念頭において，QC 七つ道具の中で，唯一言語データを扱う特性要因図の役割・活用を理解します．

Point

- 特性は結果であり，特性名（○○）で表現される場合と結果の悪さ（○○が△△）で表現される場合があります．
- 要因は原因と考えられるものです．洗い出した要因の中に，原因が入っていなければ問題は解決しないため，要因はできる限り多く洗い出します．
- 洗い出した要因は，最初は大骨の 4M で整理し，さらに中骨の要因で整理します．

1 特性の決定

　現状把握で問題（起こっていること，結果）の特徴が明確になり，問題を分類（分解）して問題点とし，解決する問題点が**特性**になります．特性の表現は，主語・述語（○○が△△）で表現される場合と，名詞（○○）で表現される場合があります．工程で発生している問題の解決では，多くの場合，特性は結果の悪さとし，主語述語で表現されます．

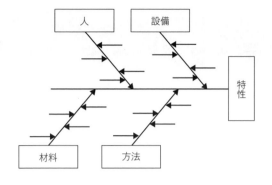

■**現状把握の結果を活用**

　現状把握で明らかになった問題点が，特性になります．問題解決では，前のプロセスで得られた結果が，次のプロセスの出発点になりますので，素直にストーリーをつなげていきます．

2 要因の洗い出しと整理

　要因は，思いついたものを挙げていきます．洗い出した要因を4Mや中骨の観点で整理することにより可視化できます．可視化することにより，構造化された要因の情報をもとに，洗い出しの不足や重複がわかり，原因候補の検討がしやすくなります．

🔑 Keyword 　要因

　要因は，過去の経験や工程固有の情報をもとに考えなければ（思考しなければ）洗い出すことはできません．さらに，洗い出した要因の中に原因が含まれていることが必要です．このとき，漏れのない思考ができればよいのですが，漏れのない思考は非常に難しいため，まさかと思うような要因も洗い出すことが必要です．このように要因解析をすると，結果として多くの要因が洗い出されます．

2.4 チェックシート

重要度
★★★

QC 七つ道具の中で，唯一データを取得するためのツールである
チェックシートの活用を理解します.

Point

- チェックリストと混同しないようにします. チェックリストでは，問題解決
  につながるデータを取得できません.
- 目的を明確にして，チェックシートを設計することが重要です.
- 使いやすさを考慮した設計も重要となります.

■チェックシートの設計

　何のためにデータを取得するのかを明確にして，ねらいどおりのデータが取得
できるように設計します. 目的があいまいであると，データは取ったが問題解決
につながらない，どのように可視化すればよいかわからないということになりか
ねません.

■チェックシートの活用

　効率的にデータを取得できることも重要です. とくに工程でデータを取得する
場合，時間をかけずにデータ取得できることも重要です.

	設備	不具合項目					合計
		ズレ	汚れ	欠け	キズ	その他	
月　日 （月）	設備A	//	///	ﬀﬀﬁ	///	/	
	設備B		/	//	////		
月　日 （火）	設備A						
	設備B						
月　日 （水）	設備A						
	設備B						
月　日 （木）	設備A						
	設備B						
月　日 （金）	設備A						
	設備B						
合計							

Keyword　チェックシートとチェックリスト

　チェックシートは，問題を解決するためにデータを取得するツールですが，チェックリストは，問題が解決された後，管理状態を維持するためのツールです．チェックリストでは，問題を解決するためのデータは取得できないことを認識し，問題解決のステップで，チェックシートとチェックリストを使い分けます．

2.5 ヒストグラム

主題

QC 七つ道具の中で取得したデータを（度数）分布として扱う手法が，近代統計の父といわれるケトレーが考案したヒストグラムです．データを分布として扱う重要性を念頭において，ヒストグラムを理解します．

Point

- データを分布として捉えることは，ばらつきを考えてデータをしっかり"観る"ことです．
- 取得したデータからは，度数分布を把握することができます．また，分布の形を考察することにより，問題解決のための様々なヒントを得ることができます．
- ヒストグラムを規格と比較することにより，ばらつきの評価をすることができます．

1 度数分布の可視化

　取得した多くのデータの測定値をただ見ているだけでは，取得したデータの特徴を知ることは難しく，問題解決のための情報を得ることはできません．取得したデータをまとめる**区間**を決めて，区間に入る**度数**を可視化することにより，データの特徴が把握でき，問題解決につなげることができます．分布の形を考察

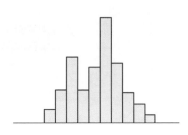
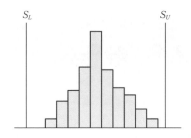

することにより，制御可能なばらつきがあるか否かを知ることができます．

■データの意味

測定単位（測定キザミ）が 0.1 のとき，51.2 と測定されたデータが取得できた
とします．51.2 は，真の値が 51.15～52.25 のときに測定されたデータです．

■正しい作成

100 個のデータが取得できていたとします．このデータを小さい順で並べる
と，50.1，50.1，……，51.0 となりました．**第 1 区間の下側境界値**は，50.05 と
なります．これは，50.1 の真の値は 50.05～50.15 であるからです．区間の数は
10 となり，区間の幅は 0.1 となります．

> 🔑 **Keyword**　母集団の分布
>
> ヒストグラム作成のために取得したデータは，100 個程度の場合が多く，この場合はサ
> ンプルの分布が把握できます．無限にデータを取得できたとしたら，母集団の分布となり
> ます．度数分布に適合する理論の分布を活用することにより，問題解決のヒントをたくさ
> ん得ることができます．

2　規格との比較

描いたヒストグラムに**規格**を入れることにより，平均値の問題か，ばらつきの
問題かを判定することができます．平均値の問題であれば，調整することで問題
を解消できるケースが多く，ばらつきの問題であれば計画を立てて問題を解決す
ることになります．

2.6 散布図

主題

因果関係の探求を意識して，QC 七つ道具の中で，唯一対になった
データを扱う散布図の役割・活用を理解します（7.1　相関係数を参
照）．

Point

● 観察の対象は，多くの場合一つのデータで表すことはできません．一つの観
察対象から，様々な視点で測定された二つのデータの組合せを，対になった
データといいます．
● 対になったデータを，二つの視点で特徴を把握するためのツールが散布図で
す．
● 可能であれば，二つの視点が原因と結果になっていると，相関関係だけでな
く因果関係の考察もできます．

1 対になったデータ

　例えば，人が観察対象である場合，身長や体重など多くのデータが取得できま
す．この中の 2 種類の対応したデータが，**対になったデータ**です．1 種類のデー
タでは特徴が明確にならない場合でも，対になったデータを散布図で可視化する
ことにより，特徴を見出すことができる場合もあります．

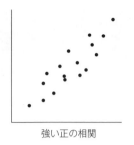

強い正の相関 　　　　　　　　　　　弱い負の相関

2 相関

　対になったデータで散布図を作成して，直線的傾向があった場合，**相関**がある
といいます．相関の中でも，横軸に原因系データ，縦軸に結果系データで散布図
を作成し，直線的傾向（1次式の関係）があった場合，横軸の要因を制御するこ
とにより，問題の解消に大きく役立ちます．

🔑 Keyword　　相関と因果

　2種類のデータが，どのようなデータであっても相関関係の分析はできます．問題を解
決することを目的とした場合，特性（結果）と要因（原因と思われるもの）の関係を見出
すことが役に立ちます．原因と結果の関係であれば，相関関係ではなく因果関係と考える
ことができます．このため，横軸に原因系のデータ，縦軸に結果系のデータで散布図を作
成することが推奨されています．

2.7 グラフ

重要度
★★★

 主題

データの特徴と知りたいことを念頭において、QC 七つ道具の中の
グラフの役割・活用を理解します。

Point

- 得られた数値データの比較や傾向を把握するための可視化と、その結果から
  問題解決の方向性を意思決定するために有効な手法群です。
- 定性的ではありますが、大きさの比較と比率の比較ができます。
- 時間的変化の把握もできます。

■大きさの比較

　棒グラフを活用することにより、**分類項目ごとの大きさを比較**することができ
ます。比較するとき、棒の高さの差だけに注目するのではなく、ゼロからの棒の
高さを基準にして、棒と棒の高さの差が、大きいか小さいかを判断します。

■比率の比較

　円グラフや帯グラフを活用することにより、**全体（100%）の中でどれだけ
（○%）を占めているかを把握**することができます（相対比較）。全体の大きさ
（N 数）も意識して、大きな問題に対し、円グラフや帯グラフを用いて考察しま
す。

円グラフ

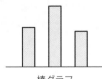
棒グラフ

折れ線グラフ

Keyword　可視化

　取得した数値データを眺めているだけでは，データの比較や特徴の把握は難しいため，図に表して比較や特徴の把握をします．図にすることにより，イメージで情報を得ることができるので，頭の中にある言葉で記憶されている経験や固有技術の情報と照らし合わせることができ，新たな知見を得ることができます．脳の働きにかなったデータの処理方法が可視化になります．

■時間的変化の把握

　折れ線グラフを活用することにより，**データの時間的変化を把握**することができます．データの時間的変化の把握は，変化の幅（範囲）を基準とすることで，特徴がより明らかになります．

　なお，円グラフや帯グラフを時間の順番で並べることにより，比率の時間的変化を把握することができます．

　時間的変化を把握する手法として管理図があります．管理図もQC七つ道具の一つですが，単に時間的変化を把握する手法ではなく，統計的な意味をもつ管理限界線を伴った時系列グラフです．本書では第5章に記載します．

2.8 層別

主題

"分ければ解る"を念頭において，QC 七つ道具の活用に共通して適用される考え方である層別の役割を理解します．

- ●単に分ける分類ではなく，原因系の視点での分類が層別です．
- ●取得したデータから，情報を引き出す（語らせる）ときに有効な考え方です．
- ●層別したデータを可視化するために QC 七つ道具を活用すると，問題解決に有効な知見を得ることができます．

1 データの取得の注意点

　データを**層別**するためには，**データの履歴**が必要です．データを取得するときは，測定値のみを記録するのではなく，履歴も合わせて記録することが重要です．

■データの履歴

　データの履歴は，結果に対する原因系の情報になります．このため，層別の視点（要素）になります．

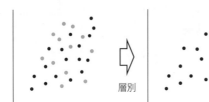

層別

> **🔑 Keyword** ：分類と層別
>
> 分類は，どのような切り口ででも分けることですが，層別は原因系の切り口で分けることです．問題を解決するためには，因果関係（原因と結果の関係）を知ることにより，原因に対策を打つことで問題を解消することができます．層別をすることで，原因が判明しやすくなり，問題の解消につながります．

2 層別の視点（要素）

層別の切り口として，以下のようなものがあります．

- ・時間別：時間帯，日，午前・午後，昼夜，曜日，季節　など
- ・機械・装置別：号機，治具，金型，型式　など
- ・作業者別：熟練度　など
- ・作業条件別：温度，圧力，速度，天候　など
- ・原材料別：ロット，メーカ　など
- ・測定・検査別：測定器，測定者，検査機器　など

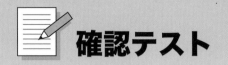

確認テスト

以下の ⬜︎ 内に入るもっとも適切な語句を，下欄の選択肢から選びなさい．ただし，各選択肢を複数回用いることはない．

① 問題となっていることを現象や原因で分類してデータを取り，分類したものを多い順に左から並べるとともに，累積した比率を示した図は ⬜︎(1)⬜︎ である．

② 品質特性のばらつきやかたよりなどの分布状態を把握できるのは ⬜︎(2)⬜︎ である．

③ 身長と体重のように対になったデータの関係を把握できるのは ⬜︎(3)⬜︎ である．

④ 現場でデータを取得しやすいように工夫された記録用紙は ⬜︎(4)⬜︎ である．

⑤ 問題となっていることとその原因と考えられる要因の関係は ⬜︎(5)⬜︎ で整理できる．

⑥ データの可視化と比較には ⬜︎(6)⬜︎ が活用される．

⑦ 原因系の切り口で分類することは ⬜︎(7)⬜︎ である．

【選択肢】

ア．パレート図　　イ．特性要因図　　ウ．チェックシート

エ．グラフ　　　　オ．散布図　　　　カ．ヒストグラム

キ．管理図　　　　ク．層別

解答

(1) ア　　(2) カ　　(3) オ　　(4) ウ　　(5) イ　　(6) エ

(7) ク

第 3 章

新 QC 七つ道具

3.1 新 QC 七つ道具とは

重要度 ★★★

主題

主に計量値を扱う QC 七つ道具に対して，数量化できない言語データを図に整理して，解決策を導く手法である新 QC 七つ道具について理解します.

Point

- 自由な意見をもとに，新たな発想やアイデアを抽出したいときに用います.
- 数値で表せない要因を，定性的に追究することができます.
- 製造現場以外にも，企画・営業・設計など幅広い部門で活用されています.

1 新 QC 七つ道具とは

新 QC 七つ道具（New Quality Control 7 tools）から，N7 とも呼ばれ，**親和図法**，**連関図法**，**系統図法**，**マトリックス図法**，**アローダイアグラム法**，**PDPC法**，**マトリックス・データ解析法**の七つで構成されています.

主として測定などによって得られた数値データを活用する QC 七つ道具に対し，ブレーンストーミングなどを用いて意見やアイデアなど言葉から得られる言語データを活用するのが新 QC 七つ道具です.

QC 七つ道具と新 QC 七つ道具の違い

手法	データの種類	対象部門	主な役割
QC 七つ道具	数値データ	主に製造部門	データを解析し，問題解決と改善効果を把握する
新 QC 七つ道具	言語データ	製造・企画・営業・設計 他	実測不可能な問題を，新しい発想で解決に導く

2 新QC七つ道具の種類と概要

新QC七つ道具は，主に言語データを図として目に見える形で表すため，誰が見ても簡単に理解できるので共通認識を得ることができたり，抜けや落ちを防ぐことができたり，新たな発想やアイデアが出やすい利点をもっています．

新QC七つ道具の種類と概要

手法名	概要	主な活用場面
親和図法	未知の問題など混沌とした事象に対し，事実，推定，意見データを親和性によって統合し，何が問題なのかを明らかにしていく手法です．	新商品開発時に顧客や作業者の意見などを聞いて，親和図で整理することで解決すべき問題点を見出し，新しい発想の糸口を得たいときに有効です．
連関図法	原因-結果，目的-手段などが複雑に絡み合った問題について，その関係を論理的につないでいくことによって問題を解明する方法です．	要因同士の因果関係やメカニズムを追究することで，より具体的な真の原因をつかみ，目的を果たすための手段を得たい場合に用いられます．
系統図法	目的や目標，結果などのゴールを設定し，それに至るための手段や方策となる事柄を系統づけて展開していく手法です．	ある問題を解決すべき手段・方策を得たい場合や，品質特性と要因の因果関係など，事実を系統的に展開し関係を明らかにするときに用いられます．
マトリックス図法	行と列により構成された二元表の交点に着目して，問題の所在や問題の形態を探索したり，多元的に問題解決への着想を得たりする手法です．	顧客の要求品質と品質特性との関係を把握し新製品開発に役立てたり，要素間の関連性を把握し，効果的に問題解決を図る手法です．
アローダイアグラム法	順序関係のある作業を結合点と矢線によって表し，最適な日程計画を立てたり，効率よく進捗を管理したりするための手法です．	計画遂行のための必要な作業がすべて明らかで，作業間の従属関係が明確なプロジェクトの実行計画に用いられます．
PDPC法 (Process Decision Program Chart)	計画を実施していく上で，事前に考えられる様々なトラブルや結果を予測し，プロセスの進行をできるだけ望ましい方向に導く手法です．	営業部門における受注や販売活動など，当事者の意図する方向に進むとは限らない不確定事象を含むプロジェクトの実行計画に用いられます．
マトリックス・データ解析法	マトリックス図に配列された多くの数値データから有効な情報を見出す手法であり，主成分分析と呼ばれる多変量解析法の一つです．	例えば市場調査，新商品の企画・開発などの分野で多数の数量的データがあるとき，グラフの位置付けから特徴をつかみたいときに用いられます．

🔑 **Keyword** ブレーンストーミング

新 QC 七つ道具を有効に活用するためには，活発なアイデア出しが不可欠ですが，新し
い発想やアイデア出しに活用される方法の一つにブレーンストーミングがあります．

ブレーンストーミングとは，複数の関係者が共通の基本原則に沿って，自由にアイデア
を出す手法であり，①他人の意見を批判しない，②自由な意見の雰囲気づくり，③アイデ
アは質より量を優先する，④他人のアイデアに便乗して新しいアイデアを出す，の四つの
ルールがあります．

■新 QC 七つ道具の活用方法

QC ストーリーの各ステップにおいて，QC 七つ道具では，テーマ選定から効
果確認，改善後の維持管理まで幅広く活用できるのに対し，新 QC 七つ道具の特
徴は，問題・課題の因果関係を明らかにすることを得意とし，QC ストーリーの
中でも比較的上流（テーマ選定〜対策の検討）で活用するのに適しています．

また，新 QC 七つ道具同士の併用や，QC 七つ道具と併用することで，さらに
有効な解決策を導き出すことができます．

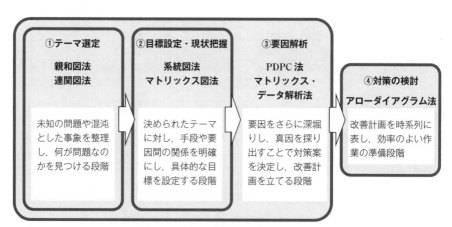

新 QC 七つ道具各手法の主な活用方法

3.2 親和図法

主題
　多数ある自由意見を似たもの同士でグループ化し，まとめて整理することで問題や方策を明らかにする親和図について理解します.

Point

- 今まで経験のない未知な問題やあいまいな問題を明らかにします.
- あるべき姿や解決策を見出すときにも親和図は活用できます.
- 集約しやすいように，意見出しの条件を周知させることがポイントです.

■親和図とは

　例えば経験したことがない問題のように漠然とした問題の原因を考えるとき，いろいろな視点から見た意見が出て収拾がつかない場面は多く見られます.

　親和図とは，そのようなときに**言語データ**をそれぞれ簡潔な**カード**に記述し，似たもの同士をまとめて整理することによって，**問題の全体像やあるべき姿を明らかにする**手法です.

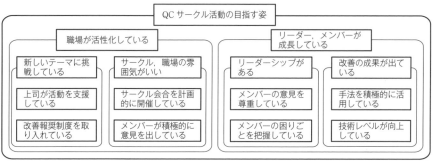

「QCサークル活動の目指す姿」の親和図例（一部抜粋）

33

主題

原因と結果が複雑に絡み合っている問題について，論理的に関係を図形化し，真の原因を明らかにする連関図について理解します．

Point

- 要因の相互関係を筋道立てて追求することで真の原因を明らかにします．
- 目的と手段の関係についても，有効な解決策を見出すときに活用できます．
- 類似の特性要因図に比べて，よりメカニズムを究明できる手法といえます．

■連関図とは

連関図は，**原因と結果**や**目的と手段**に対し，要因間の**因果関係**を明らかにすることで**潜在している真因を探る**手法です．

特性要因図と異なる点は，一つの原因が複数の結果へ影響を与える場合も明らかにすることができるので，原因と結果や原因同士が複雑に絡み合っている問題を解決したいときに連関図は適しています．

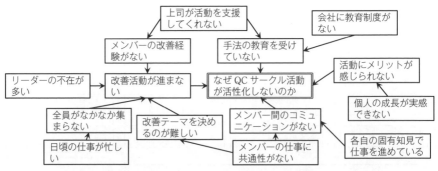

「なぜ QC サークル活動が活性化しないのか」の連関図例（一部抜粋）

34

3.4　系統図法

主題

目的を達成するために，目的と手段を系統的に展開することで，最善の手段や方策を導き出す系統図について理解します．

Point

- 枝分かれ的に深堀りすることで，より具体的な手段を見出すことができます．
- 導いた手段の有効性を評価することで，着手の優先度がわかります．
- 連関図は原因をつきとめるのに適し，系統図は解決策を探るのに適した手法です．

■系統図とは

　系統図とは，問題について，**目的と手段**の関係を枝分かれした樹形図で表し，いろいろな**解決法を系統的に探る**手法です．

　系統図は，解決策を見出す（**方針展開型**）のに適していますが，その他にも原因を追究する場面や，機能と要素の関係を整理するなど，前後関係を明らかにしたいとき（**構成要素展開型**）にも応用できます．

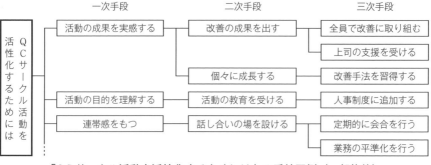

「QC サークル活動を活性化するためには」の系統図例（一部抜粋）

3.5 マトリックス図法

重要度
★☆☆

主題 複数の要素間の関係を行と列で表し，いろいろな視点から評価して問題解決の方向性を見出すマトリックス図法について理解します．

Point

- 全体の関係性を俯瞰できるので，重要な要素を抽出することができます．
- 二元的な関係だけでなく，多元的な関係性も知ることができます．
- 他の手法との組合せの相性が良く，拡張性がある手法といえます．

■マトリックス図法とは

マトリックスとは行列を意味し，顧客からの要求品質と製品の品質特性の関係や，複数の目標項目に対する手段や対策などの交差する組合せに記号などを用いて**関係性を表で示す**手法です．組合せには，二元のL型マトリックス図の他に，T型，Y型，X型などがあります．

A＼B	B1	B2	B3	B4	B5
A1		○			○
A2				○	
A3	○			○	
A4		○			
A5			○		○

L型マトリックス図

B5	B4	B3	B2	B1	C＼A	A1	A2	A3	A4	A5
○				◎	C1	2	4	5	2	3
◎		△			C2	2	1	1	2	2
			◎	○	C3	3	4	3	2	1
		○			C4	1	5	2	1	3
△		△	◎		C5	4	2	5	4	2

T型マトリックス図

方策＼原因	手法の知識がない	改善の質が低下	事務局が支援できない	監督者の指導不足	資料作成に時間がかかる	成果が評価されない	活動が活性化しない
リーダー研修会を実施する	△	○					○
事務局の勉強会を実施する			◎				△
社外発表会に参加する	○	△				△	○
手法の社内教育を実施する	◎	○		○	△		○
改善発表会を実施する		○				○	△
報奨制度を立ち上げる						◎	○
管理職教育を実施する	△	○		◎			△

「QCサークル活動を活性化するため」の原因・方策マトリックス図例

3.6 アローダイアグラム法

重要度
★☆☆

題

　複雑な仕事やいろいろな部署にまたがる業務に対し，作業の順序や進捗状況を管理するために考案されたアローダイアグラム法について理解します．

Point 🔍

- ●最終納期を順守するためには，どの作業が重要なのかを知ることができます．
- ●共通の書式，ルールに基づくので，誰が見ても状況が把握できます．
- ●突発的な変化に対して，最適な対応策を見出すことができます．

■アローダイアグラムとは

　日常の業務やプロジェクトなどを進めるとき，仕事の工程が多く複雑であったり，他部署など多くの人が関係するときには綿密にスケジュールを立てる必要があります．

　アローダイアグラムとは，作業と作業を**矢線**で結び，全作業の**負荷状況を明確**にすることで，**作業の進捗度合いを管理**することができます．また完成に影響を及ぼす作業の組合せを重点的に管理することで，どの作業の納期を守るべきかを共有でき，最終納期の順守へつなげることができます．

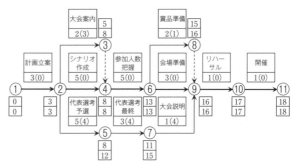

「QCサークル大会開催計画」のアローダイアグラム例

37

3.7 PDPC法

 予測される事態を想定し，あらかじめ対応策を準備することで，重大な事態を回避し，望ましい結果へと導くPDPC法について理解します.

Point

- あらかじめ解決手段や第二目標などを立てることで，臨機応変に対応できます.
- 事務管理部門のプロジェクト推進など幅広く活用することができます.
- 不測の事態を読み取る先見性の考え方が身につきます.

■PDPC法とは

PDPC法とは過程決定計画図とも呼ばれ，<u>P</u>rocess <u>D</u>ecision <u>P</u>rogram <u>C</u>hart の頭文字をとったものです. 現状から最終的な到達点を明確にし，多くの想定不具合を列挙することで，関係者全員が到達点までの過程を共有することができます. 最初に作成した図から新たな事態に対し解決策を追加するなど，随時書き換えることも可能です.

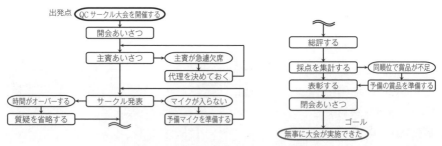

「QCサークル大会開催」のPDPC法例

3.8 マトリックス・データ解析法

 新 QC 七つ道具の中でも唯一数値データを扱い，多数のデータを二元図で表すことで全体の特徴をつかむマトリックス・データ解析法について理解します．

Point

- マトリックスで収集したデータを，情報を集約した散布図で表します．
- 求めた散布図を読み取るために，経験や知見が必要な手法といえます．
- 商品開発のアンケートなど全体の特徴を読み取るのに適した手法です．

■マトリックス・データ解析法とは

マトリックス・データ解析法とは，多変量解析法の一つである**主成分分析法**と呼ばれる手法のことであり，多くの要因からなるマトリックス・データを総合的な主成分に変換して**二元的データに縮約**する手法です．

マトリックス図法では各事象間の評価に留まりますが，マトリックス・データ解析法は，さらに組合せだけでは表せない情報量を抽出することができます．

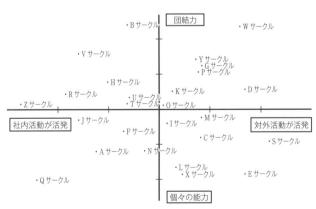

QC サークルの特徴を表したマトリックス・データ解析法の例

確認テスト

　以下のそれぞれの事例について新QC七つ道具を用いて課題達成や改善にむすびつけたいとき，もっとも適した手法を下欄の選択肢から選びなさい．ただし，各選択肢を複数回用いることはない．

① 商品のコスト削減のため，工程の生産性向上に取り組むことにした．まず"生産能力を上げる"と"生産効率を上げる"を一次手段とし，さらに具体的手段を二次，三次と深掘りすることで，有効な解決手段を見つけたい．

② 過去からの不具合内容とその改善対策について，その有効性があるのかどうかを確認するために，不具合内容と改善対策との有効性の程度を，記号を用いて表にして整理し，改善の糸口を探すことにした．

③ 自社の商品についてユーザーの意見を調査することで，次の商品開発につなげたい．アンケートを実施して自社の従来品をいくつかの視点で評価してもらい，従来品群に欠けているユーザーの要求は何かを把握することにした．

④ 職場環境や人間関係などが作業ミス要因として考えられるので，どのような要因が内在し，それらがどのような関係になっているかを整理することとした．そこで，職場のメンバーに，思いつくままに要因を考えてもらい，それらの関係を矢印により配置し，何が真の原因かを分析することとした．

⑤ 改善発表会の準備に取り掛かることになったが，準備項目が多く並行作業が想定される．発表会の日時は決定しているので準備遅れは許されないことから，重要な項目を全員で共有できる日程表を作成したい．

⑥ 分析結果をもとに，いくつかの対策を実施することになったが，これまでに経験したことのない対策なども含まれており，多くの問題やリスクなどが予測される．そこで，予想される問題や課題などのリスクを想定し，それを事前にどう回避していくかの対応策などを検討して進めることにした．

⑦ お客様の満足度を上げるために，現状の問題・課題を整理することにし

た．メンバー全員に自由な意見を出してもらい，整理することで問題の全体像やポイントを明確にし，取り組むべき課題を見出すこととした．

【選択肢】
　ア．親和図法　　イ．連関図法　　ウ．系統図法
　エ．マトリックス図法　　オ．アローダイアグラム法
　カ．PDPC 法　　キ．マトリックス・データ解析法

第 3 章 新 QC 七つ道具

解答

①ウ　　②エ　　③キ　　④イ　　⑤オ　　⑥カ　　⑦ア

第**4**章

統計的方法の基礎

4.1 正規分布

重要度
★★★

主題　計量値を扱う連続分布の代表的な分布として，正規分布の性質や特徴を理解します．

- 正規分布表の見方を学び，正規分布における確率計算の手順を理解します．
- 正規分布において，覚えておくとよい確率の値です．

    $\mu \pm 1\sigma$ の範囲に入る確率は 68.3%

    $\mu \pm 2\sigma$ の範囲に入る確率は 95.4%

    $\mu \pm 3\sigma$ の範囲に入る確率は 99.7%

- 標準正規分布において，覚えておくとよい値です．

    上限確率が 5% となるのは 1.645 以上

    上限確率が 2.5% となるのは 1.96 以上

1　正規分布とは

　QC 七つ道具のヒストグラムでは，サンプルについて平均値やばらつきの他，山の形（分布）について確認しました．母集団においても同じ評価が必要です．ヒストグラムの一般型（中心が最も高く，左右へ中心から離れるほど低くなっていく型）を確率分布で表した場合，左右対称の富士山のような形になります．このような形の確率分布を正規分布といいます．

2　正規分布の確率分布を表現する関数

　確率分布は，その線図で囲まれた面積が全体の確率 1（100%）を表し，ある

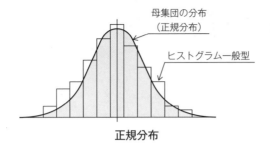

母集団の分布
（正規分布）

ヒストグラム一般型

正規分布

値 a からある値 b の範囲の面積がその確率を表す関数をいいます．正規分布の場合，その中心が母集団の平均（母平均）μ を表し，その分布の広がり具合を母標準偏差 σ（σ^2 は母分散）で表しています．この確率分布を表す関数は以下のような式になります（参考）．

$$f(x) = \frac{1}{\sqrt{2\pi}\sigma} e^{-\frac{(x-\mu)^2}{2\sigma^2}}$$

また，確率分布が正規分布に従っていることを $\mathrm{N}(\boldsymbol{\mu},\ \boldsymbol{\sigma^2})$ と表します．

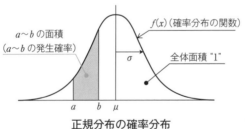

$a \sim b$ の面積
（$a \sim b$ の発生確率）

$f(x)$（確率分布の関数）

σ

全体面積 "1"

正規分布の確率分布

3 正規分布表の見方

正規分布の**確率密度関数**は，上記式からもわかるように**平均 μ と標準偏差 σ** によって分布の形が決まります．すなわち，正規分布の組合せは無限に存在します．しかし，これら無限の正規分布も**標準化**することで一つの正規分布 $\mathrm{N}(0,\ 1^2)$ に変換することができます．$\mathrm{N}(0,\ 1^2)$ すなわち母平均 0 と母分散 1^2（母標準偏差 1）の正規分布を**標準正規分布**といい，$\mathrm{N}(\mu,\ \sigma^2)$ に従う確率変数 X から母平均 μ を引き，母標準偏差 σ で割る方法で規準化した U

$$確率変数：U=\frac{X-\mu}{\sigma}$$

は，標準正規分布に従う確率変数となります．

標準正規分布において，確率変数 U がある
値以上となる確率（上限確率）が P である値
を K_p として，**K_p と P の関係**を表にしたもの
を**正規分布表**といい，確率の一覧表として準備
されています．言い換えれば，標準化によって
あらゆる正規分布の確率 P，又は，その値 K_p

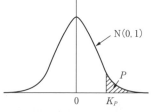

標準正規分布の上限確率

が明確にできるということです．以下に，正規分布表における K_p から P を求め
る手順と P から K_p を求める手順を説明します．

■**K_p から P を求める場合**

K_p=1.96 の場合，左の見出しで小数第 1 位までの"1.9"と，上の見出しで小
数第 2 位の"6"との交差する値が P であり，2.5% を読み取ります．

■**P から K_p を求める場合**

P=0.05（5%）の場合，左の見出しの"0.0"と，上の見出しの"5"との交差
する値が K_p であり，1.645 を読み取ります．

🔑 **Keyword**　確率変数と確率分布

　確率とは，ある事象 A が起こる確からしさを 0 から 1 までの数値で表したものであり，
$Pr(A)$ と表記します．事象 A が絶対に起こらないときは $Pr(A)=0$ であり，事象 A が必
ず起こるときは $Pr(A)=1$ となります．

　事象は言葉で表すより記号や数値で表す方が便利です．例えば一つのサイコロを投げた
とき，出た目が 1 ならば $X=1$，2 ならば $X=2$，そして 6 ならば $X=6$ とします．どの目
も同じ確からしさなので確率は 1/6 であり，以下のようになります．

　$Pr(X=1)=1/6$, $Pr(X=2)=1/6$, $Pr(X=3)=1/6$, $\cdots$, $Pr(X=6)=1/6$

このとき，X を確率変数といい，確率変数がどの値になるかは確率によって決まります．
それを表現した関数を確率分布といいます．

　なお，確率分布には上記のサイコロのような計数値を取り扱う離散分布と，長さや重量
のような計量値を取り扱う連続分布があります．

標準正規分布（Ⅰ）

上の見出し（小数第2位）

K_P	*＝0	1	2	3	4	5	6	7	8	9
0.0 *	**.5000**	.4960	.4920	.4880	.4840	**.4801**	.4761	.4721	.4681	.4641
0.1 *	**.4602**	.4562	.4522	.4483	.4443	**.4404**	.4364	.4325	.4286	.4247
0.2 *	**.4207**	.4168	.4129	.4090	.4052	**.4013**	.3974	.3936	.3897	.3859
0.3 *	**.3821**	.3783	.3745	.3707	.3669	**.3594**	.3594	.3557	.3520	.3483
0.4 *	**.3446**	.3409	.3372	.3336	.3300	**.3264**	.3228	.3192	.3156	.3121
0.5 *	**.3085**	.3050	.3015	.2981	.2946	**.2912**	.2877	.2843	.2810	.2776
0.6 *	**.2743**	.2709	.2676	.2643	.2611	**.2578**	.2546	.2514	.2483	.2451
0.7 *	**.2420**	.2389	.2358	.2327	.2296	**.2266**	.2236	.2206	.2177	.2148
0.8 *	**.2119**	.2090	.2061	.2033	.2005	**.1977**	.1949	.1922	.1894	.1867
0.9 *	**.1841**	.1814	.1788	.1762	.1736	**.1711**	.1685	.1660	.1635	.1611
1.0 *	**.1587**	.1562	.1539	.1515	.1492	**.1469**	.1446	.1423	.1401	.1379
1.1 *	**.1357**	.1335	.1314	.1292	.1271	**.1251**	.1230	.1210	.1190	.1170
1.2 *	**.1151**	.1131	.1112	.1093	.1075	**.1056**	.1038	.1020	.1003	.0985
1.3 *	**.0968**	.0951	.0934	.0918	.0901	**.0885**	.0869	.0853	.0838	.0823
1.4 *	**.0808**	.0793	.0778	.0764	.0749	**.0735**	.0721	.0708	.0694	.0681
1.5 *	**.0668**	.0655	.0643	.0630	.0618	**.0606**	.0594	.0582	.0571	.0559
1.6 *	**.0548**	.0537	.0526	.0516	.0505	**.0495**	.0485	.0475	.0465	.0455
1.7 *	**.0446**	.0436	.0427	.0418	.0409	**.0401**	.0392	.0384	.0375	.0367
1.8 *	**.0359**	.0351	.0344	.0336	.0329	**.0322**	.0314	.0307	.0301	.0294
1.9 *	**.0287**	.0281	.0274	.0268	.0262	**.0256**	.0250	.0244	.0239	.0233
2.0 *	**.0228**	.0222	.0217	.0212	.0207	**.0202**	.0197	.0192	.0188	.0183
2.1 *	**.0179**	.0174	.0170	.0166	.0162	**.0158**	.0154	.0150	.0146	.0143
2.2 *	**.0139**	.0136	.0132	.0129	.0125	**.0122**	.0119	.0116	.0113	.0110
2.3 *	**.0107**	.0104	.0102	.0099	.0096	**.0094**	.0091	.0089	.0087	.0084
2.4 *	**.0082**	.0080	.0078	.0075	.0073	**.0071**	.0069	.0068	.0066	.0064
2.5 *	**.0062**	.0060	.0059	.0057	.0055	**.0054**	.0052	.0051	.0049	.0048
2.6 *	**.0047**	.0045	.0044	.0043	.0041	**.0040**	.0039	.0038	.0037	.0036
2.7 *	**.0035**	.0034	.0033	.0032	.0031	**.0030**	.0029	.0028	.0027	.0026
2.8 *	**.0026**	.0025	.0024	.0023	.0023	**.0022**	.0021	.0021	.0020	.0019
2.9 *	**.0019**	.0018	.0018	.0017	.0016	**.0016**	.0015	.0015	.0014	.0014
3.0 *	**.0013**	.0013	.0013	.0012	.0012	**.0011**	.0011	.0011	.0010	.0010
3.5	**.2326E-3**									
4.0	**.3167E-4**									
4.5	**.3398E-5**									
5.0	**.2867E-6**									
5.5	**.1899E-7**									

左の見出し（〜小数第1位）

$K_P＝1.96$ 時の P

第4章 統計的方法の基礎

標準正規分布（Ⅱ）

上の見出し

$P＝0.05（5\%）$ の時の K_P

P	*＝0	1	2	3	4	5	6	7	8	9
0.00 *	∞	3.090	2.878	2.748	2.652	**2.576**	2.512	2.457	2.409	2.366
0.0 *	∞	2.326	2.054	1.881	1.751	**1.645**	1.555	1.476	1.405	1.341
0.1 *	**1.282**	1.227	1.175	1.126	1.080	**1.036**	.994	.954	.915	.878
0.2 *	**.842**	.806	.772	.739	.706	**.674**	.643	.613	.583	.553
0.3 *	**.524**	.496	.468	.440	.412	**.385**	.358	.332	.305	.279
0.4 *	**.253**	.228	.202	.176	.151	**.126**	.100	.075	.050	.025

左の見出し

4.2 二項分布

計数値を扱う離散分布の代表的な分布として，二項分布の性質や特徴を理解します．

Point

● 二項分布は離散分布の代表的な分布です．二項分布の計算方法について理解します．

1 二項分布とは

今，不適合率 p の工程があり，その工程からランダムに3個サンプリングすることを考えてみます．例えば，最初の1個が不適合品（×）である確率は p です．そして，次が適合品（○）の場合はその確率は $(1-p)$ です．3個目も適合品としてこの組合せの発生確率 P は，$p(1-p)^2$ と表すことができます．以下に他の組合せのケース（事象）を記述します．

$n=3$ の場合の全事象

ケース	1番目		2番目		3番目		発生確率 P	
すべて適合	○	$1-p$	○	$1-p$	○	$1-p$	$(1-p)^3$	$=p^0(1-p)^3$
1個不適合 2個適合	×	p	○	$1-p$	○	$1-p$	$p(1-p)^2$	$=p^1(1-p)^2$
	○	$1-p$	×	p	○	$1-p$	$p(1-p)^2$	$=p^1(1-p)^2$
	○	$1-p$	○	$1-p$	×	p	$p(1-p)^2$	$=p^1(1-p)^2$
2個不適合 1個適合	×	p	×	p	○	$1-p$	$p^2(1-p)$	$=p^2(1-p)^1$
	×	p	○	$1-p$	×	p	$p^2(1-p)$	$=p^2(1-p)^1$
	○	$1-p$	×	p	×	p	$p^2(1-p)$	$=p^2(1-p)^1$
すべて不適合	×	p	×	p	×	p	p^3	$=p^3(1-p)^0$
					合計		1.0	

ここで，表の左のケースごとの発生確率を考えます．すべて適合や不適合は1通りしかありませんが，適合と不適合が混ざっている場合は複数の組合せが存在します．3個のサンプリングの場合は，1番目，2番目，3番目の取り方で3通りと単純ですが，一般的に n 個のサンプルの中，不適合品が x 個含まれるケースを考えるとその組合せは複雑になります．しかし，その組合せは以下の式で表すことができます．

$$_nC_x = \frac{n!}{x!(n-x)!} \qquad （n 個から x 個選ぶ事象の数）$$

$$n! = n \times (n-1) \times \cdots \times 2 \times 1 \qquad （n の階乗，n \sim 1 までの掛け算）$$
$$0! = 1 \qquad （ただし 0 の階乗は 1 と定義します）$$

したがって，ケースごとの発生確率 P は以下のようになります．

$$P_x = （事象の数） \times （x 個の不適合品率） \times （n-x 個の適合品率）$$

$$= _nC_x \times p^x \times (1-p)^{n-x} = \frac{n!}{x!(n-x)!} p^x (1-p)^{n-x}$$

例えば，3個のうち1個が不適合品である確率は

$$P_1 = \frac{3!}{1!2!} p^1 (1-p)^{3-1} = 3p(1-p)^2$$

となります．

このようにケースごとの発生確率を表している分布を二項分布といい，二項分布をB (n, p) で表します．右にB $(10, 0.1)$ の二項分布を表示します．

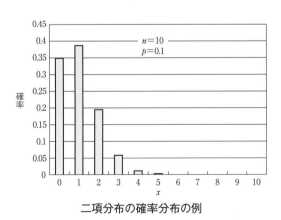

二項分布の確率分布の例

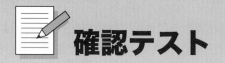

確認テスト

問1 正規分布表の見方に関する問題である．確率 P 及び a の値を求めなさい．
X は $N(0, 1^2)$ に従う確率変数とする．

① $P(X \geqq 2)$ の確率

② $P(X \leqq -1)$ の確率

③ $P(-1.5 \leqq X \leqq 0.5)$ の確率

④ $P(X \geqq |2.5|)$ の確率

⑤ $P(X \geqq a) = 0.15$ のときの a

　　ヒント：② $P(X \leqq -1) = P(X \geqq 1)$ …正規分布は左右対称

　　　　　　③ $P(-1.5 \leqq X \leqq 0.5) = 1 - \{P(X \leqq -1.5) + P(X \geqq 0.5)\}$ …
　　　　　　　　全体の面積（確率）は 1

　　　　　　④ $P(X \geqq |2.5|) = P(X \leqq -2.5) + P(X \geqq 2.5)$

問2 正規分布に関する問題である．以下の問いに答えなさい．

ある学校・学年に英語のテスト（100点満点）を実施した．平均は 72.0 点，標準偏差は 8.00 点だった．受験者は 150 人で，テストの結果は正規分布に従っていると仮定する．

① 合格点は 80 点である．合格した人は何人いるか予測しなさい．

② 60 点以下の人に補講を実施する予定である．何人ぐらいになりそうか．

③ 90 点を取った人がいる．この学生の順位は何番目と予想できるか．

④ 上位 10 人の人は，何点以上取った人と予測できるか．

　　ヒント：①②③　標準化により 80 点，60 点，90 点を変換する．

　　　　　　④　受験者数で割って確率を求め，標準化の逆算で得点を求める．

問3 二項分布に関する問題である．以下の _____ 内に入る値を求めなさい．

工程内不適合品率 1% の工程から，4 個をサンプリングする場合を考える．

① すべてが合格する確率は ___(1)___ ，1 個の不適合品が含まれる確率は

　　　　　　(2)　である.

② 4個のサンプリングですべてが合格する確率を 99% 以上にするためには，工程内不適合品率を　(3)　以下に改善する必要がある.

ヒント：

工程内不適合品率 0.4%, $P = \{4!/(0! \times 4!)\} \times 0.004^0 \times 0.996^4 = 0.984\cdots$

工程内不適合品率 0.3%, $P = \{4!/(0! \times 4!)\} \times 0.003^0 \times 0.997^4 = 0.988\cdots$

工程内不適合品率 0.2%, $P = \{4!/(0! \times 4!)\} \times 0.002^0 \times 0.998^4 = 0.992\cdots$

工程内不適合品率 0.1%, $P = \{4!/(0! \times 4!)\} \times 0.001^0 \times 0.999^4 = 0.996\cdots$

解答

問 1.　①0.0228　　②0.1587　　③1-(0.0668+0.3085)=0.6247
　　　　④2×0.0062=0.0124　　⑤1.036

問 2.　①23 人　　②10 人　　③1～2 番目　　④84 点以上

解説：①$(80-72)/8 = 1.00 \rightarrow P(X \geqq 1.00) = 0.1587 \times 150 = 23.8$

　　　　②$(60-72)/8 = -1.5 \rightarrow P(X \leqq -1.5) = 0.0668 \times 150 = 10.02$

　　　　③$(90-72)/8 = 2.25 \rightarrow P(X \geqq 2.25) = 0.0122 \times 150 = 1.83$

　　　　④$P(X) = 10/150 = 0.067 \rightarrow X \fallingdotseq 1.476$　　$(1.476 \times 8) + 72 = 83.8$

問 3.　(1) 96.1%　　(2) 3.88%　　(3) 0.2%

解説：(1) すべて合格；$P = \{4!/(0! \times 4!)\} \times 0.01^0 \times 0.99^4 = 0.9605\cdots$

　　　　(2) 1 個不合格；$P = \{4!/(1! \times 3!)\} \times 0.01^1 \times 0.99^3 = 0.0388\cdots$

　　　　(3) $p = 0.003$ のとき　$P = 0.988 \leqq 0.99$, $p = 0.002$ のとき
　　　　　$P = 0.992 \geqq 0.99$, 0.002

第5章

管理図

主題

　　管理図は，製造品質の作り込みや維持において，工程のばらつきを統計的に解析して，良い状態に維持・管理（統計的工程管理）するための道具です．ここでは，$\overline{X}$-R 管理図の活用の目的や考え方を理解します．

Point

- 管理する特性の偶然原因によるばらつきに対して，異常原因によるばらつきを可視化することで異常の処置や判断を迅速に行えるようにするツールです．
- 管理図に打点する統計量 ($\overline{X}$) の平均値 ($\overline{\overline{X}}$) を中心線として，両側に3倍の標準偏差 ($\overline{X}$ の標準偏差) を管理限界線とし，これを $\overline{X}$ が超えたときなどを異常と判断する3シグマ法を基本としています．

1 管理図活用の目的

　管理図は，主に工程解析あるいは工程管理に使われますが，その活用の実際の目的は，例えば以下のようなものとなります．

1. 製造工程に関与するいろいろな要因を調べて，コスト・量・品質・原単位・生産性などの向上をはかるため
2. 様々な条件（原料・材料・設備・製造条件・作業方法・作業者・計測など）を標準化して，消費者の要求する品質を達成するため
3. 製造工程が良好な状況において，目標とする品質の製品を作り出しているかどうかを常にチェックし，異常を認めたならば，これを是正する処置をとるため

■過去の正常な状況（偶然ばらつき）を物差しとして現在の異常を判断します．

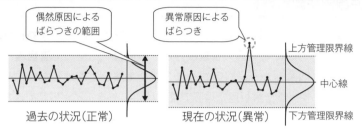

■管理状態にないと考える異常の判断は統計的に様々な打点の傾向で行います．

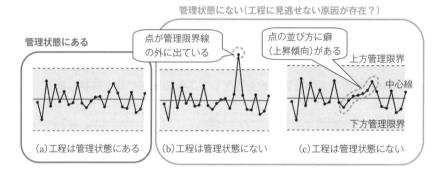

■管理図活用のポイントとしては，群内変動をベースに群間変動を注視します．

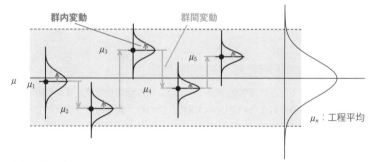

🔑 **Keyword**　群分けと群内変動，群間変動

　管理図を作成する前に群の分け方を決める必要があります．例えば作業や材料のばらつきなど管理が難しい要因によるばらつきは偶然ばらつきと考え群内変動とし，工具や設備の設定条件によるばらつきは異常に備えて管理すべきばらつきと考え群間変動として取り上げます．そして群内変動が時間的に均一であるという条件下で，工程平均の変化である群間変動が管理状態にあるか，時間的に異常な変化をしたかを見ます．

2 管理図活用の考え方

生産準備した工程が管理状態にあることを確認するためには，**解析用管理図**を活用します．その際に管理図の**管理限界線**，**中心線**（総称して**管理線**といいます）の算出は，収集したデータをもとに**3シグマ法**を基本とした公式と係数を使って確認します．また解析用管理図で管理状態にあることが確認できた管理線を使って管理状態を維持するためには，**管理用管理図**が活用されます．

■$\overline{X}$-R 管理図の管理線の公式を示します．

$\overline{X}$ 管理図

中心線　　CL=$\overline{\overline{X}}$

上方管理限界線　UCL=$\overline{\overline{X}}$+$A_2\overline{R}$

下方管理限界線　LCL=$\overline{\overline{X}}$-$A_2\overline{R}$

R 管理図

中心線　　CL=$\overline{R}$

上方管理限界線　UCL=$D_4\overline{R}$

下方管理限界線　LCL=$D_3\overline{R}$

■管理用は解析用で求めた管理線を活用して工程の管理状態を維持します．

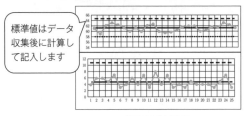

標準値はデータ収集後に計算して記入します

解析用管理図

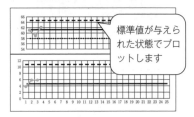

標準値が与えられた状態でプロットします

管理用管理図

 Keyword 　解析用管理図と管理用管理図

解析用管理図は，工程が管理状態か調べるため，又は管理線を決定する解析的な段階で活用されます．標準値が与えられていない場合といわれ，管理図にプロットするデータと管理線を求めるデータが同じとなります．

管理用管理図は，解析用で求めた管理線を活用し，工程の管理状態を維持する段階で活用されます．標準値が与えられている場合といわれ，工程の管理水準が標準値に維持されているかを調べ管理します．

5.2 管理図の作成方法と使い方

ここでは製造品質の作り込みや維持において，管理図をどのように活用するのか，そのための作成方法と使い方を理解します．

Point

- 管理図を活用するということは，管理図に示されている情報を最大限にくみとり，これをもとに的確な判断を行い，アクションをとる必要があります．そのためには，手順に従って正確に管理図を作成することが重要です．

1 管理図の作成方法

管理図の作成方法を代表的な $\overline{X}\text{-}R$ **管理図**で示します．$\overline{X}\text{-}R$ 管理図は，**群間変動**（工程平均の変化）を見るための $\overline{X}$ **管理図**と，ばらつきの変化（**群内変動**）を見るための R **管理図**の二つで構成されています．

■管理図の作成手順を示します

手順1 データを収集しデータシートに記入する

群分けをあらかじめ考えた上で，データを集めて（群の大きさは 4～5，20～25 群として）データシートに記入します．

手順2 $\overline{X}$（平均値）及び R（範囲）の計算を行う

群ごとに $\overline{X}$ 及び R の計算を行い，その後，$\overline{X}$ の平均値 $\overline{\overline{X}}$ 及び R の平均値 $\overline{R}$ を求めます．

データシートの記入例

No. _____

製品名称		シャフトB	製造命令番号		31-B-009	期間	yyyy-mm-dd
品質特性		外径	職場		○○係○○班		yyyy-mm-dd
測定単位		1/1000 mm	基準日産高		14,000	機械番号	AC-101
規格 限界	最大	6.470 mm	試料	大きさ	n＝5	作業員	○○　○○
	最小	6.370 mm		間隔	1時間	検査員 氏名印	△△　△△
規格番号		D-005	測定器番号		M-0458		

月日	組の 番号	測定値					計 ΣX_i	平均値 $\overline{X}$	範囲 R	摘要
		X_1	X_2	X_3	X_4	X_5				
mm/dd	1	6.447	6.432	6.444	6.435	6.42	32.178	6.4356	0.027	
	2	6.419	6.437	6.431	6.425	6.434	32.146	6.4292	0.018	
	3	6.419	6.411	6.416	6.411	6.444	32.101	6.4202	0.033	
	4	6.429	6.429	6.442	6.459	6.438	32.197	6.4394	0.03	
	5	6.428	6.412	6.445	6.436	6.425	32.146	6.4292	0.033	

手順3 管理線の計算を行う

公式及び係数を使って管理線（中心線，管理限界線）を求めます．

手順4 管理図に記入する

一般的な管理図用紙に群ごとに $\overline{X}$ 及び R をプロットします．次に手順3で求めた各管理線を記入します．

係数表

n	公式に使われる係数			
	A_2	D_3	D_4	d_2
群の大きさ 2	1.880	—	3.267	1.128
3	1.023	—	2.575	1.693
4	0.729	—	2.282	2.059
5	0.577	—	2.114	2.326
6	0.483	—	2.004	2.534

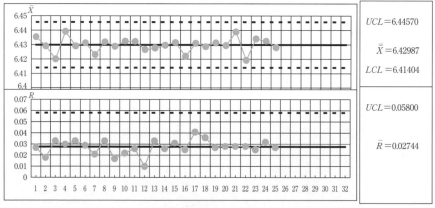

$UCL＝6.44570$

$\overline{\overline{X}}＝6.42987$

$LCL＝6.41404$

$UCL＝0.05800$

$\overline{R}＝0.02744$

$\overline{X}$-R 管理図の作成例

2　管理図の使い方

　管理図の異常判定ルールをもとに工程の変化を日々監視し，工程に異常が発生した際には工程に突き止められる原因が存在するとみなし，原因追究・処置のアクションを取っていくことが基本です．

　管理図上の打点の系統的なパターンは，管理限界の外側の点として即座に現れるほど十分に大きくなく，工程平均又は工程変動の小さな変化で現れます．この小さな変化（異常）が，工程内の突き止められる原因の影響として現れることがあるため，精度よく統計的に判断できる 3 シグマ法を基本に考え，また各工程の特性を踏まえた異常判定ルールを設定し，管理図上の点のパターンに警戒することが大変重要です．

■ JIS Z9020-2（管理図－第 2 部：シューハート管理図）に記載されている異常判定の例を示します．

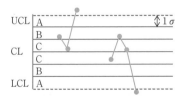

例1（基本）：1 つ又は複数の点が管理限界線
　　　　　　（±3σ）の外側にある

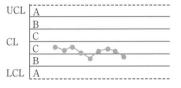

例 2：連－中心線の片側の 7 つ以上の連続
　　　する点

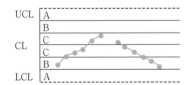

例 3：トレンド－全体的に増加又は減少する
　　　連続する 7 つの点

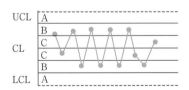

例 4：明らかに不規則ではないパターン

A, B, C は 1σ の範囲を示す

異常判定の例

5.3 管理図の種類

重要度 ★★★

主題

ここまでは最もよく使われる $\overline{X}$-R 管理図（管理特性が計量値）で説明してきましたが，管理特性が計数値に対応した管理図もあります．ここでは代表的なものとして，p 管理図，np 管理図の概要を理解します．

Point

● $\overline{X}$-R 管理図と同様な考え方で，管理図を作成し異常判定を行います．

1 p 管理図

p 管理図は工程を不適合品率 p で管理する場合に活用されます．群の大きさが群で変わるごとに管理限界線が変化していきます．

■p 管理図の管理線の公式及び具体的な作成例を示します．

中心線　$\text{CL}=\bar{p}=\dfrac{\text{不適合品数の総和}}{\text{検査個数の総和}}$

上方管理限界線　$\text{UCL}=\bar{p}+3\sqrt{\dfrac{\bar{p}(1-\bar{p})}{\text{各群の検査個数}}}$

下方管理限界線　$\text{LCL}=\bar{p}-3\sqrt{\dfrac{\bar{p}(1-\bar{p})}{\text{各群の検査個数}}}$

p 管理図データシート

No.＿＿＿＿＿＿＿＿＿＿

製品名称		カバー A	製造命令番号		42-C-079	期間		yyyy-mm-dd
品質特性		打ちきず	職場		○○係△△班			yyyy-mm-dd
測定単位		目視	基準日産高		1,500	機械番号		JF-353
規格	最大	限度見本	試料	大きさ	―	作業員		○○ ○○
限界	最小	―		間隔	材料チャージ毎	検査員		
規格番号		F-012	測定器番号		―	氏名印		△△ △△

月日	ロット番号	群の番号	資料の大きさ n	不適合品数 np	不適合品率 p (%)	UCL	LCL
mm/dd	63	1	648	6	0.9%	2.50%	0.00%
	66	2	597	8	1.3%	2.55%	0.00%
	64	3	705	7	1.0%	2.45%	0.00%
	65	4	630	4	0.6%	2.52%	0.00%
	67	5	282	7	2.5%	3.16%	0.00%
	70	6	695	9	1.3%	2.45%	0.00%
	68	7	831	12	1.4%	2.35%	0.07%
	69	8	888	10	1.1%	2.31%	0.11%
	71	9	307	5	1.6%	3.08%	0.00%
	72	10	746	5	0.7%	2.41%	0.01%
	73	11					
	74	12					
	76	13					
	75	14					
	77	15					

p 管理図の作成例

2 *np* 管理図

np 管理図は群の大きさが一定で，工程を不適合品数 *np* で管理する場合に用いられます．

■*np* 管理図の管理線の公式及び具体的な作成例を示します．

中心線　$CL = n\bar{p} = \dfrac{\text{不適合品数の総和}}{\text{群の数}}$　　（n は各群の大きさ）

上方管理限界線　$UCL = n\bar{p} + 3\sqrt{n\bar{p}(1-\bar{p})}$

下方管理限界線　$LCL = n\bar{p} - 3\sqrt{n\bar{p}(1-\bar{p})}$

np 管理図データシート

No._____

製品名称	シリンダーB	製造命令番号		24-Q-204	期間	yyyy-mm-dd
品質特性	表面仕上げ	職場		○○係××班		yyyy-mm-dd
測定単位	目視	基準日産高		120	機械番号	KU-002
規格 最大	限度見本	試料	大きさ	—	作業員	○○ ○○
限界 最小	—		間隔	—	検査員	
規格番号	H-008	測定器番号		—	氏名印	△△ △△

月日	群の番号	不適合品数 np	日時	群の番号	不適合品数 np	日時	群の番号	不適合品数 np
mm/dd	1	2		16	1		31	
	2	1		17	2		32	
	3	2		18	1		33	
	4	0		19	0		34	
	5	1		20	2		35	
	6	3		21	3		36	
	7	2		22	5		37	
	8	4		23	0		38	
	9	1		24	1		39	
	10	1		25	0		40	
	11	2		26	3		41	
	12	0						
	13	1						
	14	3						
	15	2						

np 管理図の作成例

第 5 章

　管理図に関する次の文章において，□□□内に入るもっとも適切なものを下欄の選択肢から選びなさい．ただし，各選択肢を複数回用いることはない．

① $\overline{X}$-R 管理図は，正規分布を前提に ⑴ の分布の平均とばらつきを管理・解析するための管理図である．重要特性 A について，$\overline{X}$-R 管理図を作成することにした．大きさ 4 のサンプルをランダムに抜き取り，測定した 25 群分の $\overline{X}$ の合計は 1532.5，R の合計は 119 であった．この情報をもとに管理線を計算すると，

$\overline{X}$ 管理図：CL = ⑵ ，UCL = ⑶ ，LCL = ⑷

R 管理図：CL = ⑸ ，UCL = ⑹ ，LCL = ⑺

となる．なお，管理線の計算には公式と係数表を用いた．

【 ⑵ から ⑺ の選択肢】

　ア．1.19　　イ．4.76　　ウ．10.86　　エ．12.01　　オ．2.33

　カ．57.83　　キ．61.30　　ク．64.77　　ケ．56.43

　コ．示されない

---

② p 管理図は，二項分布を前提に ⑻ を管理特性とした計数値の管理図である．ある製造工場では，主力の軸受けを製造している．この製品は 200 個入りと 300 個入りのケースに入れられてコーティングされる．その後，コーティングのムラの有無を全数検査し，ムラがあると不適合品として除かれ，ケースごとに不適合品数が記録される．したがって，ケースを群として，ムラの発生状況を管理するために，p 管理図を用いることにした．

【 ⑴ と ⑻ の選択肢】

　ア．計量値　　イ．不適合品率　　ウ．不適合数　　エ．不適合率

　オ．計数値

解答▷
(1) ア　(2) キ　(3) ク　(4) カ　(5) イ　(6) ウ
(7) コ　(8) イ

第6章

工程能力指数

6.1　工程能力指数

主題

　　工程能力指数の役割・活用を理解します．工程を管理する上で正しい判断をするため，データ取得の方法も理解します．

Point

- 工程能力を把握するためには，長期（1か月以上）にわたるデータ取得が必要です．
- 特性値のばらつきの幅（ヒストグラムの幅）が工程能力です．
- 計量値のデータが取得できている場合に，工程能力指数を求めることができます．
- 両側規格の場合と片側規格の場合で，工程能力指数の算出方法が異なります．
- 両側規格の場合，かたよりを考慮した工程能力指数もあります．

1　工程能力

　工程能力は，安定している工程が良品をつくり出す力量です．工程が安定していることの確認は，ヒストグラムを描いて一般型になっているか，又は管理図を作成し安定状態になっているかで確認します．

　計量値の特性値が取得できている場合，特性値のばらつきの幅が工程能力です．ヒストグラムを作成して工程能力を把握する場合は，ヒストグラムの幅になります．また，母集団を想定したとき，母集団の標準偏差の6倍です．なお，計数値で特性値が取得できている場合は，工程能力を不適合品率で把握することもあります．

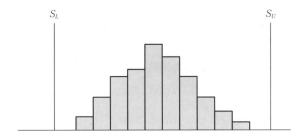

2 工程能力の定量的把握

　計量値のデータを取得できていた場合，**工程能力指数**を算出することにより，工程能力の定量的把握と評価が可能になります．なお工程能力指数は，C_p と表されます．

■両側規格の場合の工程能力指数

　両側規格の場合の工程能力指数は，以下の式で定義されます．

$$C_p = (S_U - S_L)/6s$$

　規格幅と母集団の標準偏差の6倍との比になっています．サンプル（試料）の標準偏差は求めることができますが，母集団の標準偏差を求めることはできません．そのため，サンプル（試料）の標準偏差（s）が母集団の標準偏差（σ）の代わりになるように，データを取得することが必要です．

　データは，1か月以上の長期にわたって，管理図を作成できるデータ（数個/日）を取得します．様々な4Mのばらつきが含まれるようにするために，長期にわたってデータを取得します．これにより，取得したデータの質が確保でき，正しく工程能力を把握することができます．

🔑 **Keyword**　データの質

　サンプルを取得できれば，サンプルの統計量は算出できます．サンプルの特徴を知りたいのであれば，問題はありませんが，背後に存在する母集団の情報を知りたいのであれば，母集団のばらつきを再現できるデータの質が求められます．データの質を確保するためには，標準化された状況でのばらつきを含む必要があります．そのため，短期ではなく1か月程度の長期にわたりデータを取得しなければなりません．一般的にデータの量には注意しますが，データの質にも注意を払うことが重要です．

■片側規格の場合の工程能力指数

片側規格の場合の工程能力指数は，以下の式で定義されます．

上限規格の場合（上側工程能力指数）：$C_{pkU} = (S_U - \overline{x})/3s$
下限規格の場合（下側工程能力指数）：$C_{pkL} = (\overline{x} - S_L)/3s$

規格値から平均値までの幅と3倍の標準偏差の比で算出されます．平均値の情報も加味されて，工程能力を把握することになります．

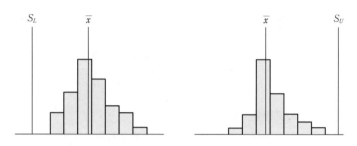

■かたよりを考慮した工程能力指数

両側規格を片側規格に見立てて，上限工程能力指数と下限工程能力指数を算出し，小さい値をかたよりを考慮した工程能力指数とします．かたよりを考慮した工程能力指数は，C_{pk} で表します．

両側規格の場合の工程能力指数は，平均値が考慮されておらず，純粋にばらつきだけの評価（工程管理における本来の評価）でしたが，かたよりを考慮した工程能力指数では平均値の情報（規格の中心からどれだけ離れているか）が加味された評価指標になっています．これにより，工程内不適合品率との関連付けができるため，よく活用されます．

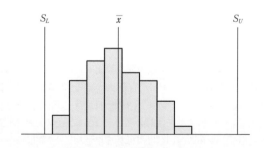

3 工程能力指数の評価

工程能力指数の評価は，以下のとおりとなります．

$$C_p \geqq 1.33：工程能力は確保できている$$
$$1.33 > C_p \geqq 1.00：工程能力はあるが，管理に注意が必要である$$
$$1.00 > C_p \qquad：工程能力は不足しており，改善が必要である$$

両側規格の工程能力指数が，1.00以上であった場合は，かたよりを考慮した工程能力指数の評価もします．

$$C_{pk} \geqq 1.00：平均値のかたよりに問題はない$$
$$1.00 > C_{pk}：平均値のかたよりに処置が必要$$

なお，お客様により工程能力指数 1.67 以上を要求されることがあります．

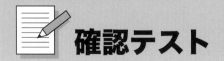

確認テスト

以下の _____ 内に入るもっとも適切な語句を，下欄の選択肢から選びなさい．ただし，各選択肢を複数回用いることはない．

① 工程能力は，__(1)__ している工程が良品をつくり出す力量である．

② 工程能力指数は，工程能力を __(2)__ に把握する指標である．

③ 工程能力指数は，一般的に __(3)__ 以上必要とされている．

④ かたよりを考慮した工程能力指数 C_{pk} は，__(4)__ が 1.00 以上のときに評価することに意味がある．

【選択肢】

ア．安定　　イ．定性的　　ウ．定量的　　エ．C_p　　オ．C_{pk}

カ．1.00　　キ．1.33　　ク．1.67

解答

(1) ア　　(2) ウ　　(3) キ　　(4) エ

第 7 章

相関分析

7.1 相関係数

7.1 相関係数

重要度
★★★

散布図（2.6 節を参照）では，打点の形状で相関の有無を判断しましたが，その相関の強さを数値で表す相関係数について理解します．

Point

- 相関係数とは，二つの変量の直線的な関係の強さを表す指標です．
- 相関係数は，必ず−1 から＋1 までの間の値をとります．
- 相関係数が−1 又は＋1 に近づくほど，ばらつきが小さくなります．

■相関係数とは

x の増加に従って y も増加もしくは減少する関係が成り立つとき，二変数間に**相関がある**と表現します．散布図では打点の形状を見て，相関の強さを見ることができますが，あくまで判断は主観的なものです．相関係数とは，x と y に直線的な関係があるかどうかの程度を，統計式に基づいて客観的に数値で表したものです．

相関係数は記号 r で表します．$-1 \leq r \leq 1$ の値をとり，−1 に近づくほど**負の相関**があり，＋1 に近づくほど**正の相関**があります．また，相関関係の強弱は，ばらつきの大きさを表すため，相関係数の絶対値が大きいほど直線に近づきます．

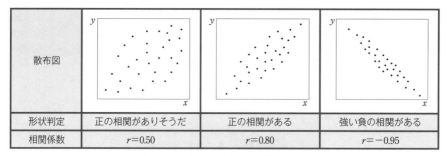

散布図による判定と相関係数の関係例

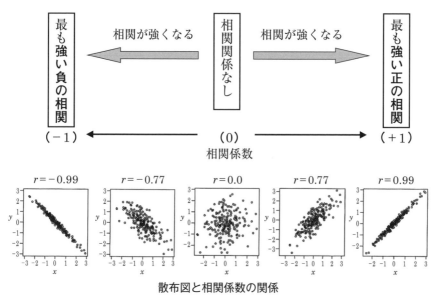

散布図と相関係数の関係

出典　日本規格協会（2022）：過去問題で学ぶ QC 検定 3 級　2023 年版，p.255

相関係数は変数 x と変数 y の直線的なあてはめの度合いを示すことから，二次曲線の関係があるときは正と負が相殺され小さく出るため注意が必要です．

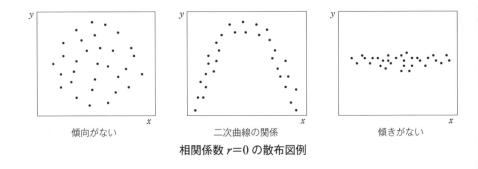

傾向がない   二次曲線の関係   傾きがない

相関係数 $r=0$ の散布図例

また，散布図では相関がないように見えても，層別することで個別に相関が見られたり，異常点によって相関係数が低く出たりするので，相関係数のみで関係を判断するのではなく，散布図の形状と合わせて検討することが重要です．

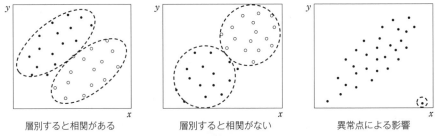

層別すると相関がある   層別すると相関がない   異常点による影響

層別や異常点により相関係数が変わる散布図例

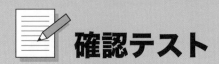

確認テスト

二つの変数 x, y から描いた①〜⑥の散布図の解釈として，もっとも適切なものを下欄の選択肢からそれぞれ選びなさい．ただし，各選択肢を複数回用いることはない．

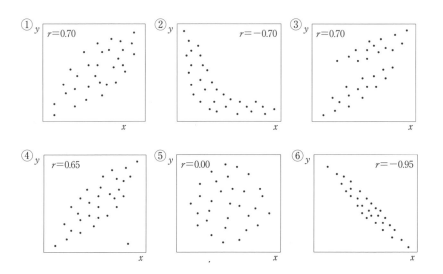

【選択肢】
ア．x と y は正の相関がありそうだ
イ．x と y は負の相関がありそうだ
ウ．x と y は強い正の相関がある
エ．x と y は強い負の相関がある
オ．x と y は曲線的な関係がある
カ．相関がありそうだが異常値がある
キ．層別するとそれぞれ相関がある
ク．層別するとそれぞれ相関がない
ケ．x と y には相関が見られない

解答
①ア　②オ　③キ　④カ　⑤ケ　⑥エ

第8章

QC 的ものの見方・考え方

8.1 QC 的ものの見方・考え方の概念

重要度 ★★★

品質管理の基本として，まず QC 的ものの見方・考え方を理解しておくことが大切です．QC ストーリーと統計的手法の併用により，問題解決に取り組むことがよりよい結果をもたらすことになります．

Point

- QC 的ものの見方・考え方は，会社が掲げる企業理念から問題解決，さらには利害関係者に至るまで，仕事に取り組む際の基本的な考え方です．
- 見方・考え方の対象は，組織内においては，風土理念，仕事，管理，問題解決にかかわるものがあり，組織と顧客・市場との関係性があります．

QC 的ものの見方・考え方の概念は以下のようになります．

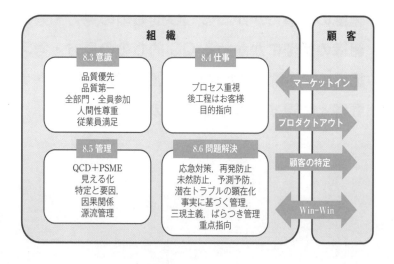

8.2 組織内におけるQC的ものの見方・考え方 重要度 ★★★

組織内における QC 的ものの見方・考え方は広範にわたっており，確実に理解し，適用することが重要です．これらは，すべての従業員が知っておくべきことです．

Point

- 組織内においては，意識，仕事，管理，問題解決にかかわるものがあります．
- この切り口で理解しておくことが，有効な運用にもつながります．

組織内における QC 的ものの見方・考え方をまとめると以下のようになります．

意識	売上・利益優先ではなく，まず品質第一として品質優先でなければなりません．品質不正などのように目先の利益を優先してはいけません．
仕事	品質は工程で作り込むという考え方（プロセス重視）を徹底すること．"後工程はお客様"と考えて，後工程に迷惑をかけないよう仕事を確実に行うことが大切です．
管理	仕事は様々な人が連携して行われるものであり，まるで川の流れのように上流から下流に向かいます．できるだけ上流で問題を解決して下流に悪い影響を及ぼさないという源流管理の考え方が大切です．
問題解決	問題を解決するためには，三現主義で向き合うことが大切です．三現主義とは，現場，現物，現実のことで，勘や憶測で判断してはいけません．

組織の意識にかかわるQC的ものの見方・考え方

重要度
★★★

主題

　品質の重要性をいくら言葉で訴えても，すべての従業員に意識として根付いていなければ，求められる品質を確保することは難しいです．すべての従業員の意識として，QC的ものの見方・考え方を定着させることはとても重要です．

 Point

- 意識として求められるものは，品質優先，品質第一という考え方，全部門・全員参加での取組み，人間性尊重の姿勢，従業員満足の確保です．
- 品質優先，品質第一，全部門・全員参加，人間性尊重，従業員満足の意味の理解だけでなく，実践できるまで身につけることが望まれます．

　品質優先は，**品質第一**の考え方が浸透することにより実践できます．品質第一は，**全部門・全員参加**ができてこそ達成できます．全部門・全員参加は，**人間性尊重**，**従業員満足**が十分な状態であることが求められます．

組織内における風土理念にかかわる QC 的ものの見方・考え方をまとめると以下のようになります.

品質優先	売上や利益を追求することはよいのですが，売上や利益を優先するあまり品質を軽視してしまうことがあってはなりません．目先の利益に走ることなく，品質を優先させることが何よりも大切です.
品質第一	いくら製品やサービスの価格が安くても，品質が悪ければ顧客に迷惑がかかりますし，そのうち顧客から相手にされなくなり，売れなくなってしまいます．品質を第一に考えて，ものづくりやサービス提供をしていかなければならないのです.
全部門・全員参加	よい品質の製品・サービスを提供するためには，どこかの部門ががんばればよいというものではありません．すべての部門が積極的にかかわってこそ，よりよい品質の製品・サービスとなるのです.
人間性尊重	働く人々は，ロボットではありません．自ら働く意欲をもって仕事に取り組めるような環境が必要です．そのためには人間らしさを尊び，重んじることを根本として組織を運営することが大切です.
従業員満足	いくら顧客満足度が高くても，そこで働く従業員の満足度が低ければ，組織としての存在価値はありません．従業員あっての組織なのです．従業員の満足度は，何も給料だけでは決まりません．学べる機会やチャレンジできる環境，公平な評価制度があることなど，総合的な面からの満足度となります．そもそも従業員満足なくして顧客満足は得られないのです.

8.4 組織の仕事にかかわる QC 的ものの見方・考え方

重要度
★★★

主題

仕事にかかわる QC 的ものの見方・考え方は従業員一人ひとりが理解すべきものです．そうすることで組織として，よい結果をもたらすことができます．

- プロセス重視，後工程はお客様，目的指向の意味を理解し，従業員自身として，部門として，組織として実践していくことが重要です．
- よいプロセスからよい結果が生まれる．プロセスをよくすれば，結果はよくなるということなので，プロセスに焦点を当てて管理することが重要です．

プロセス重視，**後工程はお客様**をイメージすると以下のようになります．これらは**目的指向**で実践していくことが大切です．

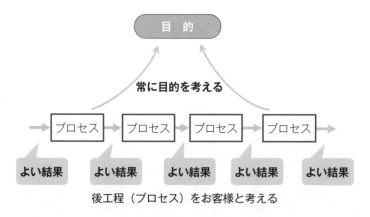

後工程（プロセス）をお客様と考える

　組織内における仕事にかかわる QC 的ものの見方・考え方をまとめると以下のようになります.

プロセス重視	結果だけを見て，良かった悪かったと一喜一憂するのではなく，最初からよい結果となるように，どのような活動をすればよいのかを前もって考え，行動していくことが大切です．プロセスとは，活動のことで仕事や業務そのものなのです.
後工程はお客様	組織では，様々な仕事や業務があり，それらがつながりをもっています．つまり工程（プロセス）がつながっているので，自分たちの仕事の結果を正しく，間違いないものにしてつないでいかなければ，最終結果もよくなりません．そのためには，後工程をお客様と思って，迷惑をかけないようにきちんと仕事をして，よい結果を引き渡さなければならないのです.
目的志向	目的を理解しないまま行動していては，目的から外れる行動をしても気づかず，よい結果が得られません．何のためにやっているのか？　目的にかなっているか？　をつねに考慮して行動することが求められます.

 Keyword　　プロセス

　プロセスとは，英語では process で，工程とか過程と訳されることがありますが，実は活動のことです．JIS Q 9000（品質マネジメントシステム—基本及び用語）では，プロセスを“インプットを使用して意図した結果を生み出す，相互に関連する又は相互に作用する一連の活動”と定義しています．組織内の活動ということであれば，仕事や業務のことで，それらがつながっているということが定義からもわかります.

8.5 組織の管理にかかわる QC 的ものの見方・考え方

主題

管理にかかわる QC 的ものの見方・考え方は管理者が理解し，実践すべきものですが，すべての従業員にも理解してほしいものです．

Point

- QCD＋PSME，見える化，特性と要因，因果関係，源流管理の意味を理解し，管理者が自部門で実践し，組織全体としてよい結果が出るようにします．
- 品質を広義にとらえ，組織の様々な問題の発生を防ぐ活動に活かします．

1 QCD＋PSME

　組織では，製品品質やサービス品質のみを対象に管理するわけではありません．組織運営においては，広義の品質である QCD のみならず，PSME にまで管理対象を拡げることが重要です．それぞれ **Q：Quality（品質）**，**C：Cost（コスト）**，**D：Delivery（納期）**，**P：Productivity（生産性）**，**S：Safety（安全）**，**M：Moral（倫理）**，**E：Environment（環境）** のことです．

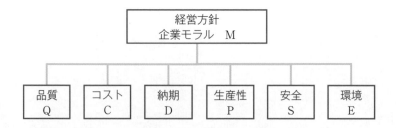

M は，Moral（モラル：倫理）の他に **Morale（モラール：士気）** の意味もあり，従業員にとって働きがいがあり，やる気になる職場づくりも含まれます．

2 見える化

見える化とは，問題，課題及びその他様々なことをいろいろな手段を使って明確にして関係者全員が認識できる状態にすることです．グラフや図解による見える化が有効です．

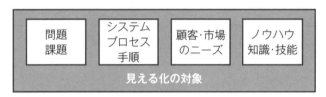

3 特性と要因，因果関係

特性とは結果，要因とは原因と考えられるものです．品質の結果は，**品質特性**といい，品質特性を確保するためには，ばらつきを与える原因をうまく管理することが重要です．原因と特性の関係を因果関係といいます．

4 源流管理

源流管理とは，問題を後に残さないようにするための管理の仕組みのことで，できるだけ前段階（上流のプロセス）で問題をつぶしておこうというのがねらいです．

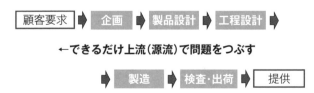

85

8.6 組織の問題解決にかかわる QC 的ものの見方・考え方

重要度 ★★★

組織では，必ず問題が発生します．問題解決にかかわる QC 的ものの見方・考え方はすべての従業員が理解し，実践すべきものです．

Point

- 応急対策，再発防止，未然防止，予測予防，潜在トラブルの顕在化，事実に基づく管理，三現主義，ばらつき管理，重点指向の意味をすべての従業員が理解し，実践することで有効な問題解決へと導きます．
- 特に再発防止は普段よく耳にする言葉ですが，実際に有効な再発防止につながっていないことが多くあるので注意が必要です．

1 応急対策，再発防止

問題が発生したときには，その問題がさらに悪影響を及ぼさないように早急に対策をとらなければなりません．当面の現象を解消するための対症療法的な対応を**応急対策**といいます．その上で大切なのは，同じような問題を二度と起こさないために抜本的に原因を追究し，その原因を取り除くことで，これを**再発防止**といいます．

2 未然防止，予測予防，潜在トラブルの顕在化

　再発防止は，問題が発生した場合に同じような問題が再び発生しないように対策をとることですが，さらに類似の製品や工程で，同じような原因で不適合製品や不適合の発生を未然に予防する対策である未然防止が必要です．さらにまだ発生していない問題を予測し，予防することが大切で，潜在しているトラブル（問題）が何かを探り，顕在化して明らかにすることが必要です．

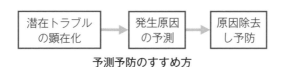

予測予防のすすめ方

3 事実に基づく管理，三現主義，ばらつきに注目する考え方（ばらつき管理）

　勘や憶測だけで判断をしていては誤った対応をしてしまいます．**事実に基づく管理**が必要で，客観的なデータで判断することが求められます．事実をしっかりつかまえるためには，会議室に閉じこもって議論するのではなく，**三現主義**といわれるように，問題が発生した現場に行って，現物を見て，現実を探ることが重要です．事実をつかむ際に気をつけることは，データには必ずばらつきがあることです．**ばらつきに注目する考え方（ばらつき管理）**が必要です．

客観的な事実をつかむ

4 重点指向

　問題解決や課題達成するための活動をする際には，必要な人員，時間，費用などの経営資源を投入しますが，いずれも限りがあります．このような状況では，何に優先的に取り組むのかを決めて対応することが重要です．何に取り組むのかを選択し，そこに経営資源を集中させることを**重点指向**といいます．問題解決や課題達成においては，自部門だけよい結果（部分最適）が得られるだけではだめで，組織全体がよい結果（全体最適）を得られなければいけません．

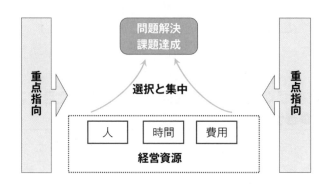

Keyword　　再発防止，未然防止

　JIS Q 9000（品質マネジメントシステム―基本及び用語）では，是正処置を"不適合の原因を除去し，再発を防止するための処置"，予防処置を"起こり得る不適合又はその他の起こり得る望ましくない状況の原因を除去するための処置"と定義しています．再発防止は是正処置，未然防止と予測予防は予防処置と同じです．いずれも，その発生原因を除去することが必要で，いかに原因究明，原因予測が重要なのかがわかります．

8.7 顧客と関連する QC 的ものの見方・考え方

主題

　　顧客（市場含む）と関連する QC 的ものの見方・考え方は組織の事業を発展させていく上でも重要であり，組織全体での対応が求められます．そのためにも従業員が理解しておくことが望まれます．

Point

- マーケットイン，プロダクトアウト，顧客の特定，Win-Win の意味を理解し，組織としてどのように対応するのがベストなのかを導きます．
- マーケットインは顧客の立場で，プロダクトアウトは組織の立場でものづくりを行うため，マーケットインの実践が重要です．

　組織内における QC 的ものの見方・考え方をまとめると以下のようになります．

マーケットイン	市場や顧客のニーズや期待を調査し，それに合わせて製品やサービスを開発し，提供していくことです．
プロダクトアウト	自社のもっている技術や能力で製品やサービスを開発し，市場や顧客へ提供することです．
顧客の特定	自社にとって顧客とは誰なのか．顧客の特定からニーズや期待を調査することになります．
Win-Win	ビジネスは，自社にとっても，顧客にとってもメリットがなければなりません．どちらか一方だけが得をする関係ではいけません．

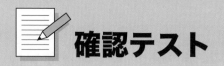

確認テスト

　以下の説明に該当する語句を，下欄の選択肢から選びなさい．ただし，各選択肢を複数回用いることはない．

① 売上や利益を優先するあまり，品質を軽視してしまうことがないようにしなければならない．

② 結果だけを見て，良かった悪かったと一喜一憂するのではなく，最初からよい結果となるように，どのような活動をすればよいのかを前もって考え，行動していくことが大切である．

③ 問題を後に残さないようにするための管理の仕組みのことで，できるだけ前段階（上流のプロセス）で問題をつぶしておこうというのがねらいである．

④ 同じような問題を二度と起こさないために抜本的に原因を追究し，その原因を取り除くこと．

⑤ 事実をしっかりつかまえるためには，会議室に閉じこもって議論するのではなく，問題が発生した現場に行って，現物を見て，現実を探ることが重要である．

⑥ ビジネスは，自社にとっても，顧客にとってもメリットがなければならず，どちらか一方だけが得をする関係ではいけない．

⑦ 市場や顧客のニーズや期待を調査し，それに合わせて製品やサービスを開発し，提供していくこと．

⑧ 類似の製品や工程で，同じような原因で不適合製品や不適合が発生しないように，前もって予防する対策が重要である．

【選択肢】

ア．三現主義	イ．マーケットイン	ウ．再発防止
エ．未然防止	オ．Win-Win	カ．源流管理
キ．プロセス重視	ク．品質優先	

解答

①ク　②キ　③カ　④ウ　⑤ア　⑥オ　⑦イ　⑧エ

第9章

9

品質の概念

9.1　品質の概念

9.1 品質の概念

主題

"品質"という言葉は日常的に使われていますが，その定義や種類，考え方は意外と知られていません．これらを正しく理解することが品質管理（品質マネジメント）全般の理解につながります．

- 品質の定義を正しく理解します．
- 品質の種類を理解します．
- 品質の種類ごとの考え方を理解します．

1 品質の定義

品質とは，JIS Q 9000（品質マネジメントシステム―基本及び用語）では，"対象に本来備わっている特性の集まりが，要求事項を満たす程度"と定義されています．対象とは，あらゆるコト・モノのことで，本来備わっている特性の集まりとは，品質の概念に希少価値とかプレミアのような後から付け加えられる価値を含めないということです．

要求事項とは，ニーズ・期待のことです．ニーズ・期待には三つあって，明示されるもの，明示はしないけれど暗黙のうちに了解しているもの，法律のように義務となっているものがあります．それらのニーズ・期待を満たせば，品質が良いとなり，満たさなければ品質が悪いとなります．したがって，品質の良い製品やサービスを提供するためには，顧客や市場が求めるニーズ・期待をしっかりと受け止める必要があります．

品質とは

 Keyword 要求事項

　JIS Q 9000（品質マネジメントシステム―基本及び用語）では，要求事項を"明示されている，通常暗黙のうちに了解されている又は義務として要求されている，ニーズ又は期待"と定義しています．要求事項を満たす程度が品質でしたが，その要求事項の定義です．こういうものが欲しいというニーズやこうありたいという期待のことですが，このニーズや期待には三つのパターンがあります．これらをわかりやすく皆さんがホテルを予約するときの例で説明します．一つ目の明示されているニーズ又は期待とは，○月○日にチェックイン，○泊，シングル，禁煙とホテルに伝えることが該当します．二つ目の通常暗黙のうちに了解されているニーズ又は期待とは，タオルやシーツが洗濯してあるとか，清掃されているとか，シャワーから湯が出るとか，いわれなくても当たり前に行っておくべきことが該当します．三つ目の義務として要求されているニーズ又は期待とは，適用される法規制などが該当します．ホテルの例では消防法があって，カーテンやじゅうたんなどは防炎物品を使用すること，誘導灯・誘導標識を設置することなどがあります．これらはすべて要求事項なのです．

Keyword 品質管理と品質マネジメント

　JIS Q 9000（品質マネジメントシステム―基本及び用語）では，品質マネジメントを"品質に関するマネジメント"と定義しており，注記では，"品質マネジメントには，品質方針及び品質目標の設定，並びに品質計画，品質保証，品質管理及び品質改善を通じてこれらの品質目標を達成するためのプロセスが含まれ得る"と記述されています．実は，これは私たちが日常的に使用している"品質管理"のことを指します．それでは，品質管理はどのように定義されているかというと，"品質要求事項を満たすことに焦点を合わせた品質マネジメントの一部"となっていて，どちらかというと検査に近いイメージです．品質マネジメントの英語は Quality Management，品質管理の英語は Quality Control といいます．私たちが日常的に使用している"品質管理"は英語では Quality Management にあたります．

95

2 品質の種類

■要求品質と品質要素

要求品質とは，顧客が求める品質のことです．

品質要素とは，要求品質を展開した具体的な性質，性能のことです．

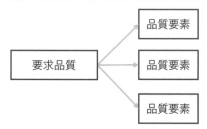

■ねらいの品質とできばえの品質

ねらいの品質とは，製造の目標としてねらった品質のことで設計品質とも呼ばれます．

できばえの品質とは，製造した実際の品質のことで製造品質とも呼ばれます．

■品質特性，代用特性

品質特性とは，顧客のニーズや期待に関連する，製品，プロセス又はシステムに本来備わっている特性のことです．

代用特性とは，技術的，あるいは経済的側面から，要求される品質特性を測定することが困難なとき，その代用として用いる測定が比較的容易な他の品質特性のことです．

■当たり前品質と魅力的品質

　当たり前品質とは，それが充足されれば当たり前と受け取られるが，不充足であれば不満を引き起こす品質要素のことです．**魅力的品質**とは，それが充足されれば満足を与えるが，不充足であっても仕方がないと受け取られる品質要素のことです．これらの顧客満足度に影響を与える製品やサービスの品質要素を分類し，それぞれの特徴を記述した"狩野モデル"が広く知られています．

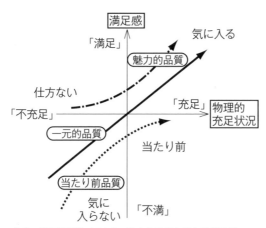

出典　狩野紀昭他（1984）：魅力的品質と当たり前品質，
　　　品質，Vol. 14, No. 2, pp. 39-48

■サービスの品質，仕事の品質

　品質の定義から，品質とはあらゆるコト・モノに対して適用されます．サービスや仕事に求められる品質のことです．

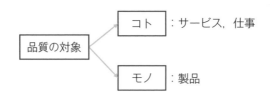

■社会的品質

　社会的品質とは，製品・サービスが購入者・使用者以外の社会や環境に及ぼす影響の程度のことです．つまり，社会的ニーズ・期待を満たす程度です．

■顧客満足（CS）と顧客価値

　顧客満足とは，JIS Q 9000（品質マネジメントシステム—基本及び用語）では，"顧客の期待が満たされている程度に関する顧客の受け止め方"と定義されています．英語で顧客満足はCustomer Satisfactionと表され，その頭文字をとって，CSと略されます．また，顧客価値とは，顧客が適正と認める価値のことです．

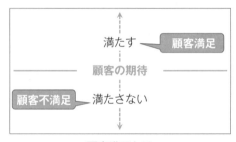

顧客満足とは

　顧客満足

　JIS Q 9000（品質マネジメントシステム—基本及び用語）では，上述したように顧客満足を"顧客の期待が満たされている程度に関する顧客の受け止め方"と定義しています．さらに注記2では，"苦情は，顧客満足が低いことの一般的な指標であるが，苦情がないことが必ずしも顧客満足が高いことを意味するわけではない"と記述されています．苦情がないというのは，顧客が満足しているかも知れないが，不満足な状態でも，面倒なのでいちいち苦情を言わないだけかもしれないということです．苦情の件数や発生率を顧客満足度の指標とするには問題がありそうです．

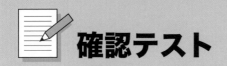

確認テスト

　以下の説明に該当する語句を，下欄の選択肢から選びなさい．ただし，各選択肢を複数回用いることはない．

① 要求品質を展開した具体的な性質，性能

② 製造した実際の品質のことで製造品質とも呼ばれる

③ 技術的，あるいは経済的側面から，要求される品質特性を測定することが困難なとき，その代用として用いる測定が比較的容易な他の品質特性のこと

④ 充足されれば当たり前と受け取られるが，不充足であれば不満を引き起こす品質要素のこと

⑤ 対象に本来備わっている特性の集まりが，要求事項を満たす程度

⑥ 充足されれば満足を与えるが，不充足であっても仕方がないと受け取られる品質要素のこと

⑦ 顧客の期待が満たされている程度に関する顧客の受け止め方

⑧ 製造の目標としてねらった品質のことで設計品質とも呼ばれる

⑨ 顧客のニーズや期待に関連する，製品，プロセス又はシステムに本来備わっている特性のこと

⑩ 明示されている，通常暗黙のうちに了解されている又は義務として要求されている，ニーズ又は期待

【選択肢】

　ア．品質　　　　　　イ．要求事項　　　　ウ．品質要素

　エ．ねらいの品質　　オ．できばえの品質　カ．品質特性

　キ．代用特性　　　　ク．当たり前品質　　ケ．魅力的品質

　コ．顧客満足

解答

①ウ　　②オ　　③キ　　④ク　　⑤ア　　⑥ケ　　⑦コ　　⑧エ
⑨カ　　⑩イ

第**10**章

管理の方法

10.1　管理の方法

10.1 管理の方法

主題

"管理"とは，決められたことを決められたとおりに実施すること
を継続させる維持活動と，決められたことをより良くしていく改善活動
のことです．これらの考え方を理解し，確実に実践していくことが大切
です．

Point

- 維持と改善について正しく理解します．
- SDCA と PDCA の違いを理解します．
- 問題解決型と課題達成型の二つの QC ストーリーを理解します．

1 維持と改善

維持とは，決められたことを決められたとおりに実施できるようにすることで
す．**改善**とは決められたことが適切でなければ，適切なことに変えていくことを
いいます．

2 SDCA と PDCA

決められたことを決められたとおりに実施できるようにする維持活動は，
SDCA を実行することで可能となります．**SDCA** とは，S（標準化：Standard-
ize），D（Do：実施），C（Check：確認），A（Act：処置）のことで，以下の
ことを実行します．

S：仕事のルール・やり方を決める
D：決められたとおりに実施する
C：決められたとおりに実施できているか点検する
A：決められたとおりにできていなければ，できるように処置する

　一方で，決められたことが適切でなければ適切なことに変えていく改善活動は，**PDCA** を実行することで可能となります．PDCA とは，P（Plan：計画），D（Do：実施），C（Check：確認），A（Act：処置）のことで，以下のことを実行します．

P：目標を定めて達成活動を計画する
D：計画どおりに実施する
C：計画どおりに実施できているかを確認する
A：目標が未達成ならば，達成できる処置を検討し，計画を見直す

　また，仕事のルール・やり方を決めることを P として，決められたとおりに実施することを D，決められたことが適切であるかを確認することを C，適切でなければ，より良い仕事のルール・やり方を検討し，変えることを A とすることも PDCA となります．

3 継続的改善

　SDCA と PDCA を実行することで，改善が進みます．しかし，これを一度きりではなく，継続的に実行することが大切で，SDCA と PDCA のサイクルを回すようなイメージとなります．

SDCA と PDCA を回し続けることが，
継続的改善

維 持　　　　　　改 善

4 問題と課題

問題とは，いつものあるべき姿と現実とのギャップのことで，そのギャップは対策として克服する必要があるものです．一方，**課題**とは，将来ありたい姿と現実とのギャップのことで，対処を必要とするものです．

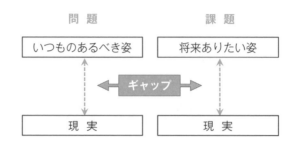

5 QCストーリー

QCストーリーは，改善活動の成果を報告するステップとして広く使用されています．QCストーリーの流れでまとめると，取り上げたテーマの重要度（テーマの選定と現状把握）から原因追究（要因解析），対策の適切性（対策検討）などが一貫性をもち，関係者にわかりやすくなります．このようなQCストーリーによるまとめは，組織にとっては改善事例の蓄積につながります．

そこでQCストーリーの流れに沿って問題・課題に取り組むとよい結果につながるとして，問題解決や課題達成におけるいろいろな場面で活用することが推奨されています．QCストーリーの流れはPDCAを回す活動において，行うべき内容を具体的にし，ステップとして手順を踏んでいくことで実践できるようにするものです．これは小集団活動だけでなく，スタッフの業務においても適用可能です．様々な業務に適用できるように，発生した問題を解決する問題解決型と，新たに取り組むべき課題を設定し，それを達成する課題達成型に分類されます．

6 QCストーリーの手順

QCストーリーには，有効に実施できる手順があります．**問題解決型 QCストーリー**と**課題達成型 QCストーリー**とは，その手順が若干異なります．

問題解決型が目前で火を噴いている問題（顕在化した問題）に対処するのに対し，課題達成型は，現在は問題となっていないが放置しておけば将来大きな対応が必要になるであろう問題（潜在化している問題）を扱うケースが多いです．

問題解決型の問題は，現場の直面している問題を解決するボトムアップ的なものが多く，課題達成型の課題は，組織の上位方針からトップダウン的に与えられる場合が多いのが特徴です．また，実際の対策実施においても，問題解決型が地道に改善を積み重ねていく場合が多いのに対し，課題達成型では新たな活動の開始・導入といった全面的な変更を伴う場合が多いです．

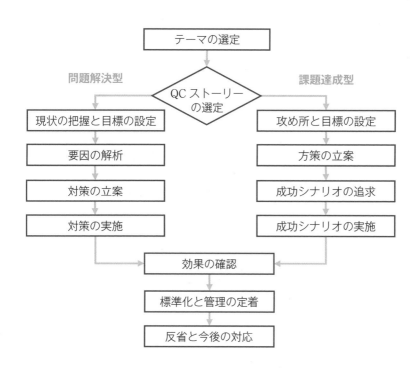

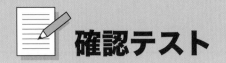

確認テスト

問1 空欄に適切な語句を，下欄の選択肢から選びなさい．ただし，各選択肢を複数回用いることはない．

① 決められたことが適切でなければ，適切なことに変えていく改善活動は，　(1)　を実行することで可能となる．

③ 決められたことを決められたとおりに実施できるようにする維持活動は，　(2)　を実行することで可能となる．

④ 　(3)　とは，将来ありたい姿と現実とのギャップのことで，対処を必要とするものである．

⑤ 　(4)　とは，いつものあるべき姿と現実とのギャップのことで，そのギャップは対策として克服する必要があるものである．

【選択肢】

ア．SDCA　　イ．PDCA　　ウ．問題　　エ．課題

問2 問題解決型 QC ストーリーについて空欄に適切な語句を，下欄の選択肢から選びなさい．ただし，各選択肢を複数回用いることはない．

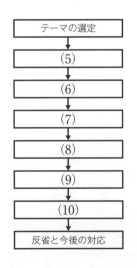

【選択肢】

ア．対策の立案

イ．要因の解析

ウ．効果の確認

エ．現状の把握と目標の設定

オ．標準化と管理の定着

カ．対策の実施

解答

（1）イ　　（2）ア　　（3）エ　　（4）ウ　　（5）エ　　（6）イ

（7）ア　　（8）カ　　（9）ウ　　（10）オ

第11章

品質保証：新製品開発

主題

　品質保証の活動は，顧客・社会のニーズ把握，製品及びサービスの企画・設計・生産準備・生産・販売・サービスなどの各段階で行われます．組織のすべてにおいて取り組むべき活動です．

Point 🔍

- 品質保証について正しく理解します．
- 品質保証体系図の目的と見方を理解します．
- 保証の網（QA ネットワーク）の目的と見方を理解します．

1 結果の保証とプロセスによる保証

　結果の保証とは，できあがった製品・サービスが基準を満足しているかを検査し，適合しない場合は取り除く，検査による保証のことです．プロセスによる保証とは，基準を満足する製品・サービスができるプロセスを確立し，かつ安定化させる活動のことで，このことを "**品質は工程で作り込む**" といいます．また，プロセスによる保証をするには，工程解析で品質特性（結果系）と管理項目（要因系）の因果関係を調査・確認し，時系列で結果データをとり，そのデータをもとにばらつきも考慮して，管理図等で判断・管理するという工程の管理が必要です．

2 品質保証体系図

　品質保証体系図は，企画・設計・生産準備・生産・販売・サービスなどのどの段階で，設計・生産・販売・サービスなどのどの部門が，品質保証に関するどの

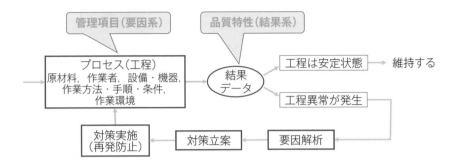

ような業務を実施するのかを示した図です（次ページ参照）.

　品質保証体系図の縦方向には企画・設計から販売・サービスに至るまでの仕事の流れ（ステップ）がとられ，横方向には設計・生産・販売・サービスなどの品質保証活動を実施する部門がとられ，図中にはどの部門がどの段階でどの業務を担当するのかがフローチャートで示されており，組織全体の品質保証の仕組みが一目でわかるようになっています.

3　品質保証のプロセス，保証の網（QA ネットワーク）

　品質保証体系を構築するには，企画・設計・生産準備・生産・販売・サービスの各段階で実施される一連のプロセスが確立されていなければなりません. 各プロセスでの主な活動内容は，以下のようになります.

　生産準備のプロセスでの品質保証活動に活用されるツールとして，工程で予測

品質保証のプロセス	主な活動内容
1. 製品企画	顧客のニーズや要求の把握，ベンチマーキング，製品の仕様の明確化，基本設計（概要設計），販売方法・サービス体制の明確化，原価企画など
2. 設計・開発	詳細設計，試作品製作，デザインレビュー（DR），設計・開発の変更管理，コンカレントエンジニアリング，信頼性設計など
3. 生産準備	工程設計，工程設計のレビュー，工程設計の変更管理，QC 工程図・設備仕様・作業指示書の作成，材料・部品の検査規格・検査方法の決定など
4. 生産	初期生産に関する初期流動管理，工程管理，設備保全管理，計測機器管理，製品検査，安全管理，作業環境管理など
5. 販売・サービス	物流・納入管理，ビフォアサービス（カタログ，取扱説明書の整備など），アフターサービス（保守，点検など），顕在及び潜在クレーム・苦情の把握，回収・廃棄・リサイクルへの対応など

（デザインレビューは 11.3 節を，QC 工程図は 12.1 節を参照してください）

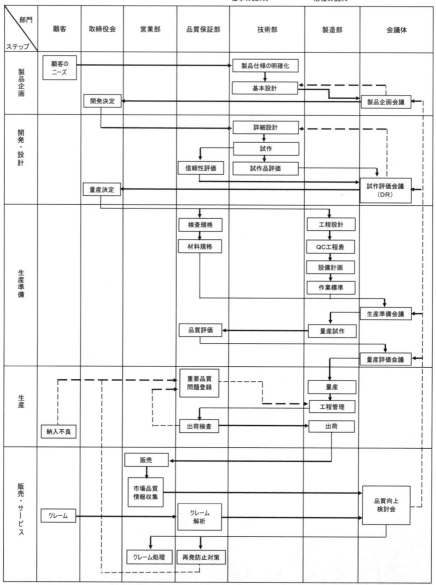

部門 / ステップ

ステップ	顧客	取締役会	営業部	品質保証部	技術部	製造部	会議体
製品企画	顧客のニーズ	開発決定			製品仕様の明確化 / 基本設計		製品企画会議
開発・設計		量産決定		信頼性評価	詳細設計 / 試作 / 試作品評価		試作評価会議（DR）
生産準備				検査規格 / 材料規格 / 品質評価		工程設計 / QC工程表 / 設備計画 / 作業標準 / 量産試作	生産準備会議 / 量産評価会議
生産	納入不良			重要品質問題登録 / 出荷検査		量産 / 工程管理 / 出荷	
販売・サービス	クレーム		販売 / 市場品質情報収集	クレーム解析 / クレーム処理 / 再発防止対策			品質向上検討会

← 仕事の流れ、 ← 情報の流れ

出典　仁科健監修（2021）：品質管理の演習問題［過去問題］と解説 QC 検定レベル表 実践編 QC 検定試験 3 級対応，p. 66，日本規格協会

される不適合に対する発生防止と流出防止の保証度を見える化する保証の網（QA ネットワーク）があります．縦方向に不適合や誤り項目をとり，横方向に一連の工程をとって，各不適合や誤り項目ごとに対応する工程での不適合の発生防止水準と流出防止水準の評価結果を記入し，現状と目標の保証度を比較して，必要に応じ改善事項も記入します．

工程　　　　　　　　不適合・誤り	受入工程		加工工程				組付工程		検査工程		保証度		改善項目		改善後の保証度
	数量確認	品質検査	切削	成形	・・・	・・・	SUB組付	総組付	寸法検査	特性検査	目標	現状	内容	期限	
樹脂材料　吸水率大		△2／◇2									A	B	検査項目追加	6月25日	A
樹脂ケース　そり大				△3／◇2							B	C	成形条件変更	6月13日	B
ブラケット　取付穴未加工		△3／◇3									B	D	目視検査追加	6月10日	B

保証度テーブルの例

流出防止水準		発生防止水準			
		△1	△2	△3	△4
	◇1	A	A	B	C
	◇2	A	B	C	D
	◇3	B	C	D	・D
	◇4	C	D	D	D

出典　仁科健監修（2021）：品質管理の演習問題［過去問題］と解説 QC 検定レベル表 実践編 QC 検定試験 3 級対応，p. 67，日本規格協会

Keyword　品質保証

品質保証とは，JIS Q 9000（品質マネジメントシステム—基本及び用語）では，"品質要求事項が満たされるという確信を与えることに焦点を合わせた品質マネジメントの一部"と定義しています．品質マネジメントとは，品質方針及び品質目標の設定，品質計画，品質保証，品質管理及び品質改善を通じてこれらの品質目標を達成するための活動で，品質に関する全般的な活動といえます．品質要求事項が満たされるという確信を与えるとは，顧客や購入者が安心して製品やサービスを購入できるようにすることで，品質マネジメントシステムなどの仕組みを構築し，運用することや品質保証にかかわる様々な活動をすることで実現できます．

11.2 品質機能展開

市場での顧客のニーズを確実に把握して，新製品・新サービスの企画設計段階から生産に至るまで，それらのニーズを展開，実現します．

Point

- 品質機能展開の考え方について概要を理解します．
- 品質表の概要を理解します．

　品質機能展開（QFD：quality function deployment）とは，顧客の声（VOC：voice of customer）から要求品質を引き出し，これを製品の品質特性や機能・機構・構成部品・生産工程等の各要素に至るまで展開し実現する一連の方法です．品質機能展開は，JIS Q 9025（マネジメントシステムのパフォーマンス改善―品質機能展開の指針）では，"製品に対する品質目標を実現するために，様々な変換及び展開を用いる方法論"と定義されており，"品質展開""技術展開""コスト展開""信頼性展開"及び"業務機能展開"で構成されます．

　品質機能展開は実施する目的に応じて，必要な二元表を作成します．二元表の一例として，顧客の声である要求品質を技術の言葉である品質特性に変換又は翻訳を行う品質表があります．

　ノートパソコンの品質表の例を示します．表の縦方向と横方向の項目に関連性がある場合，それらが記載されている行と列が交差する部分に△，○，◎のような関連の程度を考慮した記号を付けることが多いです．この例では，"◎"は"○"よりも関連が強いことを意味しています．

114

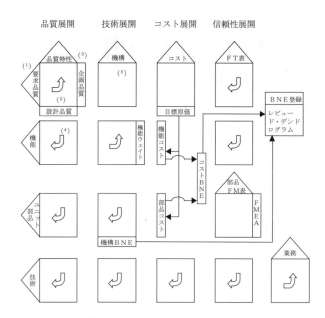

品質展開　　技術展開　　コスト展開　　信頼性展開

注(1)　三角形は項目が展開されており、系統図のように階層化されていることを示している。

(2)　矢印は変換の方向を示し、要求品質が品質特性へと変換されていることを示している。

(3)　四角形は二元表の周辺に附属する表で、企画品質設定表や各種のウェイト表などを示している。

(4)　この二元表の表側は機能展開表であるが、表頭は品質特性展開表であることを示している。

(5)　この二元表の表頭は機構展開表であるが、表側は要求品質展開表であることを示している。

品質機能展開の全体構成

出典　JIS Q 9025：2003　マネジメントシステムのパフォーマンス改善─品質
機能展開の指針，p.9

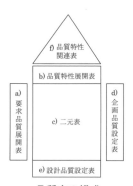

品質表の構成

出典　JIS Q 9025：2003，p.7

品質特性展開表	1次		本体寸法				処理機能				通信機能			入出力機能			質量	
	2次		外形寸法	本体厚さ	画面サイズ	操作部寸法	メモリ容量	CPU速度	電源管理レベル	バッテリ容量	有線LAN	無線LAN	ブルートゥース	USB	光学ドライブ	タッチパッド	本体質量	付属品質量
要求品質展開表 1次	2次																	
使いやすい	コードレス											◎		○		◎		
	片手で操作できる					◎										○		
	画面が見やすい		○		◎	○	○											
持ち運びが楽	重くない																◎	○
	手ごろな大きさ		◎															○
	付属品が少ない		○									○						○
高性能である	処理速度が速い						◎	◎										
	通信接続が簡単										○	○						
	文字・画像が鮮明			◎	○													
多機能である	入力方法が多彩											○	◎	○		◎		
	通信機能が多彩										◎	○	○					
長時間使える	電池が長持ち									◎								
	省エネタイプ			○					◎									

ノートパソコンの品質表の例

出典　仁科健監修（2021）：品質管理の演習問題［過去問題］と解説
QC検定レベル表 実践編 QC検定試験3級対応，p.72，日本
規格協会

実際に問題が起きてから対応するよりも，問題が起こる前に，問題を予測し未然防止することが望まれます．

Point

● 未然防止のための手法を理解します．
● DR, FMEA, FTA について，目的や考え方を理解します．

　トラブル予測とは，実際に問題が起こる前に，問題を予測し予防することであり，未然防止の活動といえます．このトラブル予測の実践手段の一つとして，**デザインレビュー**（Design Review：DR）があり，支援する手法として，**FMEA**（Failure Mode and Effects Analysis：故障モードと影響解析）や **FTA**（Fault Tree Analysis：故障の木解析）などがあります．

1 デザインレビュー（DR）

　デザインレビューとは，設計・開発の適切な段階で，製品・サービスが顧客の要求品質を満たすかどうかを評価するために，必要な力量をもった各部門の代表者が集まって，そのアウトプットを評価し，改善点を提案する組織的活動です．

2 FMEA

　FMEA とは，システムの部品又は工程の故障モードや不良モードを予測して，その影響の大きさ，発生頻度，検出難易度などの評価項目から重要度を決め，重要度の高いものについて対策を実施する手法です．

部品名	機能	故障モード	上位システムへの影響	発生頻度	影響度	検知難易	重要度	故障の原因	是正処置	期日	担当部署
ヘッドランプ	視認性確保	フィラメント切れ	点灯せず	3	4	4	48	発熱劣化	材質変更		設計1課
				3	4	5	60	車両振動と共振	フィラメント持部変更	9/末	
		ソケット破損		1	4	4	16	錆による強度低下	—	—	—
				2	4	3	24	ランプ接合部亀裂	—	—	—

出典　仁科健監修（2021）：品質管理の演習問題［過去問題］と解説 QC 検定レベル表 実践編 QC 検定試験 3 級対応，p. 76，日本規格協会

3 FTA

　FTA とは，その発生がシステムにとって好ましくない事象をトップ事象に取り上げ，論理ゲートを用いながら，その発生経路を順次下位レベルへと展開する分析手法のことです．これ以上は下位に展開できない，又はする必要がない事象まで展開したら，各事象の発生確率や影響の大きさを考慮して，対策しなければならない発生経路や事象を検討し，対策を実施する手法です．FTA は，システムやプロセスで発生が好ましくない事象をトップにおき，その原因を and や or などの論理記号を使って順次下位レベルに展開するという，上位から下位に向かって解析を進めていく手法です．

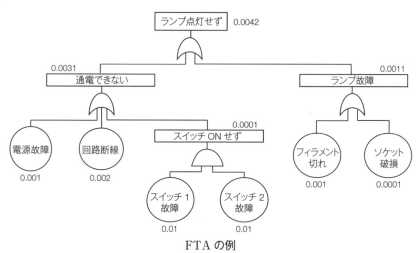

FTA の例

出典　仁科健監修（2021）：品質管理の演習問題［過去問題］と解説 QC 検定レベル表 実践編 QC 検定試験 3 級対応，p. 77，日本規格協会

11.4 製品ライフサイクル全体での品質保証，製品安全，環境配慮，製造物責任

主題　製品は売ってしまったら終わりではなく，製品の寿命が尽きるまでの間，つまり製品ライフサイクル全体に対し責任をもたなければなりません．

Point

- 製品ライフサイクル全体での責任のあり方を理解します．
- 品質保証，製品安全，環境配慮，製造物責任について，製品ライフサイクル全体の視点で理解します．

1 製品ライフサイクル全体での品質保証

　製品は，売ってしまったら終わりではなく，顧客による製品の使用段階や最終的には製品の廃棄まで，あたかも人の一生のように段階を経ます．これを製品ライフサイクルといいます．使用段階でも顧客が安全で安心して製品を使用することができなければなりませんし，廃棄段階でも廃棄しやすく環境に負荷を与えないことを考慮していなければなりません．このことを製品ライフサイクル全体での品質保証といいます．

2 製造物責任

　"**製造物責任**"（Product Liability：PL）とは，ある製品の欠陥が原因で生じた人的・物的損害に対して製造業者らが負うべき賠償責任のことです．従来から民法では，製品のトラブルについて損害賠償責任を追及する場合には，使用者側

が製造物の欠陥と製造者の過失を説明・立証しなければいけませんでした（過失責任という）．しかし，使用者側にとって，これは困難である場合が多いことから，製造業者の無過失責任（製造物の欠陥の立証のみ）を定めた"製造物責任法"（PL法）が1994年に公布され，翌1995年から施行されました．

3 製品安全

"製品安全"（Product Safety：PS）とは，製品に残留するリスクを社会的に許容されるレベルまで低減させた状態を意味し，事業者には，製品事故防止への対応が求められています．

4 環境配慮

製品を開発し製造する際に，製品のライフサイクルを見通した環境負荷の低減のために，多くの活動が行われています．このような活動全体を**"環境配慮"**といい，製品のライフサイクル全体の品質保証や社会的責任（Social Responsibility）の観点からも重要な課題です．

身近な取組みには，3Rと呼ばれるReduce（使用資源の低減），Reuse（再使用），Recycle（再利用）活動があります．そのために設計段階では環境配慮設計（環境対応設計）という考え方があり，省エネルギー化，省資源化，再資源化などを促進します．

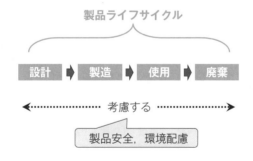

11.5 保証と補償, 市場トラブル対応, 苦情処理

重要度 ★☆☆

主題

市場トラブルや苦情が発生した場合, 適切かつ迅速に対応しなければなりません. どのように対応すべきかを前もって決めておくことが必要です.

Point

● 保証と補償の違いを理解します.
● 市場トラブルや苦情への対応に関する考え方を理解します.

1 保証と補償

品質管理において "保証" とは, その製品やサービスの品質は問題ないことを請け負うことであり, 保証書, 保証期間, 工程保証などに用いられます.

一方 "補償" とは, 品質の悪さにより損害が発生したときは補い償うことであり, また "保障" とは, 今後損害が発生しても保護するという意味です.

品質管理活動の場合, はじめから品質の悪さを想定した考えではないことから "品質保証" の考えに基づいています.

「保証」「補償」「保障」の違い

	保証	補償	保障
意味	責任もって適合品を請け負うこと	損失・損害を補い償うこと	損害のないように保護すること
キーワード	責任	補償	保護
英訳	Assurance など	Compensation など	Guarantee など
使用例	品質保証・保証期間など	損害補償・休業補償など	社会保障・安全保障など

2 市場トラブル対応，苦情処理

　苦情とは，JIS Q 9000（品質マネジメントシステム—基本及び用語）では，"製品若しくはサービス又は苦情対応プロセスに関して，組織に対する不満足の表現であって，その対応又は解決を，明示的又は暗示的に期待しているもの"と定義されています．

　市場トラブルや苦情が発生したときは，素早い初期対応が必要です．次に現地・現物により真因を追究し，再発防止対策を実施します．さらには，市場トラブルや苦情が発生した要因を振り返り，仕事の何が悪かったのかを標準・仕組み・ルールの視点で見直しを行います．

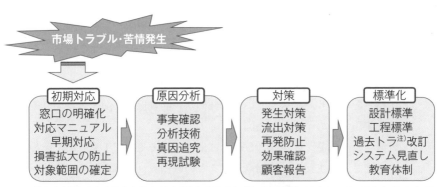

注）未然防止に活用するために過去のトラブルの事例や対応についてまとめたもの

市場トラブル・苦情対応の流れ

　市場トラブルや苦情が発生したときは，次の三つの着眼で損失を最小限に留める必要があります．
① 影響を及ぼす程度が重大化しないようにする（重要度）
② 時間の経過とともに損失が広がらないようにする（拡大度）
③ 素早く処置することにより損失が大きくならないようにする（緊急度）

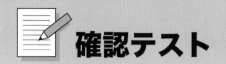

確認テスト

　以下の説明に該当する語句を，下欄の選択肢から選びなさい．ただし，各選択肢を複数回用いることはない．

① その発生がシステムにとって好ましくない事象をトップ事象に取り上げ，論理ゲートを用いながら，その発生経路を順次下位レベルへと展開する分析手法

② 工程で予測される不適合に対する発生防止と流出防止の保証度を見える化するツール

③ 設計・開発の適切な段階で，製品・サービスが顧客の要求品質を満たすかどうかを評価するために，必要な力量をもった各部門の代表者が集まって，そのアウトプットを評価し，改善点を提案する組織的活動

④ 企画・設計・生産準備・生産・販売・サービスなどのどの段階で，設計・生産・販売・サービスなどのどの部門が，品質保証に関するどのような業務を実施するのかを示した図

⑤ システムの部品又は工程の故障モードや不良モードを予測して，その影響の大きさ，発生頻度，検出難易度などの評価項目から重要度を決め，重要度の高いものについて対策を実施する手法

⑥ 顧客の声から要求品質を引き出し，これを製品の品質特性や機能・機構・構成部品・生産工程等の各要素に至るまで展開し実現する一連の方法

⑦ 品質要求事項が満たされるという確信を与えることに焦点を合わせた品質マネジメントの一部

【選択肢】
ア．品質保証体系図　　イ．保証の網（QA ネットワーク）
ウ．品質機能展開　　エ．デザインレビュー　　オ．FMEA
カ．FTA　　キ．品質保証

解答
①カ　　②イ　　③エ　　④ア　　⑤オ　　⑥ウ　　⑦キ

第 **12** 章

品質保証：プロセス保証

主題

　プロセスとは活動のことで，よい活動をすればおのずとよい結果が得られると考え，プロセスに着目して管理を促進する必要があります．

Point

- プロセス（工程）の考え方について正しく理解します．
- QC工程図，フローチャート，作業標準書がどういうものなのかを理解し，プロセスの管理に役立てます．

1 プロセス（工程）

　プロセスとは，JIS Q 9000（品質マネジメントシステム—基本及び用語）では，"インプットを使用して意図した結果を生み出す，相互に関連する又は相互に作用する一連の活動"と定義されています．プロセスは，製造においては"工

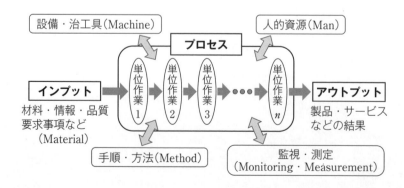

程"と呼ばれていますが，プロセスは製造だけでなく，すべての仕事に関わります．

　プロセスは，細かな単位作業の集まりとも考えられます．これらの集まりを一連の活動として，適切に管理すれば，正しく間違いのないアウトプットが得られるのです．そのためには，生産4要素である**4M**（Man，Machine，Material，Method）も適切に管理することが必要です．このように工程管理では，品質を工程で作り込むという考えに基づき，プロセス（工程）を適切に管理していく必要があり，計画・実行する手段として，QC工程図，フローチャートや作業標準書などがあります．

2 QC工程図，フローチャート

　QC工程図は，材料・部品の受入から完成品出荷までの工程全体，あるいは重要な一部工程をフローチャートで示しながら，工程ごとに管理すべき品質特性とその管理方法を明らかにした図表です．

工程図	工程名	管理項目 (点検項目)	管理水準	管理方法					関連資料
				担当者	時期	測定方法	測定場所	記録	
ペレット ① ② ③	原料投入	（ミルシート）		作業員	搬出時	目視	原料倉庫	出庫台帳	
	成形	（背　圧）	○○ N/cm²	作業者	開始時		作業現場	チェックシート	検査標準
		（保持時間）	2 min±30 sec	作業者	開始時		作業現場	チェックシート	
		厚さ	2 mm ±0.05 mm	検査員	1/50個	マイクロメータ	検査室	管理図	
	ばり取り	平面度	6 μm	検査員	1日2回	拡大投影機	検査室	チェックシート	

QC工程図の例

出典　JIS Q：9026：2016　マネジメントシステムのパフォーマンス改善—日常管理の指針，p.12

3 作業標準書

　作業標準書は，作業者が交替した場合でも同じ作業が実施され，同じ成果が効率的に得られるように，作業とその手順を示したものです．なお，作業標準書は，作業手順書や作業マニュアルなどとも呼ばれています．

主題

工程は常によい状態であることが望まれますが，残念ながら異常が発生することもあります．異常を迅速に発見し，処置することが必要です．

Point

- 工程異常の考え方について正しく理解します．
- 工程異常を迅速に発見し，適切に処置するポイントを理解します．

1 工程異常

JIS Q 9026（マネジメントシステムのパフォーマンス改善）では，**工程異常**とは，"プロセスが管理状態にないこと．管理状態とは，技術的及び経済的に好ましい水準における安定状態をいう"と定義されています．このように異常は管理状態にない，安定状態にない〔いつも（常）とは異なる〕ことであり，規格など要求事項を満たしていない不適合とは異なることに留意しておく必要があります．

2 工程異常の見える化・検出

工程の状態を把握するために，まずは管理項目を選定します．そして，管理項目の時系列の推移状態を示す管理図や管理グラフを作成して見える化します．

異常の有無の判定は，グラフ内にプロットした点を管理線と比較します．この際，管理限界線を超えた点だけでなく，連の長さ，上昇又は下降の傾向，周期的変動なども考慮することが望まれます．

3 工程異常の処置

　異常が発生した場合には，まずは異常の影響が他に及ばないように，プロセスを止めるか又は異常となったものをプロセスから外し，その後，異常となったものに対する応急処置を行います．

4 工程異常の異常原因の確認

　異常発生時には，根本原因の追究を行うために，発生した異常がどのような異常原因によるものかを確認する必要があります．

分類	説明
系統的異常原因	①ある規則性，周期性をもって瞬間的に起こる原因
	②一度起こると引き続き同じ異常が発生する原因
	③時間の経過とともに次第に異常の度合いが大きくなる原因
散発的異常原因	標準整備の不備などの管理上あるいは作業員の疲労などの管理外の問題であることが多く，規則性がない原因
慢性的異常原因	仕方がないとして正しい再発防止の処置が取られていない原因

5 工程異常の原因追究と再発防止

　異常発生後は，異常が発生した工程を調査し，根本原因を追究し，原因に対して対策をとり，再発を防止します．再発防止に効果的であることがわかった対策は，標準類の改訂，教育及び訓練の見直しなど標準化，管理の定着を行います．

6 工程異常発生の共有

　異常発生を周知し，共有するために，工程異常報告書などにまとめて記録として残すことが大切です．工程異常報告書には，異常発生の状況，応急処置，原因追究及び再発防止の実施状況，関係部門への連絡状況などを記載します．

12.3 工程能力調査, 工程解析

重要度
★★☆

主題

安定している工程が良品をつくり出す能力を工程能力といいます. 所定の工程能力があるかどうかの調査は必要で, 重要な工程解析の一つです.

Point

● **工程能力調査**の概要と手順について理解します.
● **工程解析**に用いられる方法を理解します.

1 工程能力調査の概要

工程能力調査とは, 管理状態にある工程のばらつきを評価することです. その評価指標は工程能力指数 (第6章を参照) で示されます. 工程の新設や工程の変更が行われた際には, 工程能力調査によって製造プロセスが健全であることを保証します (製造プロセスの質保証).

2 工程能力調査の手順

工程能力調査の手順の例を下記に示します.

手順1 評価対象の工程データを集める
手順2 管理図を作成し, 工程が管理状態にあるのかを確認する
手順3 ヒストグラムを描き, 分布に問題がないかを確認する
手順4 工程能力指数 C_p 又は C_{pk} を求める
手順5 工程能力を評価する

3 工程解析に用いられる方法

　工程の解析のために，QC 七つ道具などの手法を効果的に使用していくことが必要です．その手法を効果的に使用するためには，以下の留意すべき点があります．

　　(1) どんな情報を得たいのかを明確にする

　　(2) 事実を示す正しいデータを用いる

　　(3) 手法の特徴を理解する

　　(4) 適切な手法を選ぶ

　　(5) 得らえた結論の技術的な解釈を理解しておく

　また，工程の解析に用いられる手法と主な用途を以下に示します．

手法	主な用途
ヒストグラム	データのばらつきを姿で知る．規格値などの基準値と比較しながら，分布の形，中心の位置，ばらつきの大きさを知る
パレート図	問題や原因について重要なものを絞り込む（重点指向）
チェックシート	データの収集や整理を行う
管理図	工程の管理，工程の異常又は安定状態，工程のくせを知る
散布図	原因と結果，結果と結果，原因と原因など 2 つの特性（相関）の関係をつかむ
各種グラフ	時系列のデータの変化（折れ線グラフ），全体の比較（帯グラフ，円グラフ），いろいろな特性のバランス（レーダーチャート）を知る
特性要因図	結果（特性）に影響すると考えられる要因の洗い出しと整理を行う
層別	得られたデータをまとめて処理するのではなく，機械別，ライン別，作業者別などの要因で分けることにより，より有益な情報を得る

　QC 七つ道具については第 2 章，管理図については第 5 章を参照してください．

129

12.4 検査の目的・意義・考え方，検査の種類と方法，抜取検査

主題

　　品質保証プロセスでの検査は，開発から生産を経て市場に販売する段階の関所の役割を果たしており，お客様へ不適切なものを渡さないという重要な活動です．

Point

- 検査の目的・意義・考え方について正しく理解します．
- 検査の種類を理解します．
- 抜取検査の考え方と種類を理解します．

1 検査の目的・意義・考え方

　　品質を保証するためには，各段階において目標とする品質を作り込み，完成品を検査し，その品質水準が目標どおりになっているかどうかを確認し不適合品を除去することが必要です．

　　検査の目的には，不適合品（不合格ロット）を後工程や顧客に渡らないように

Keyword　検査

　　検査とは，JIS Z 8101-2（統計―用語及び記号―第2部：統計の応用）では，"適切な測定，試験，又はゲージ合せを伴った，観測及び判定による適合性評価"と定義しています．品質は工程で作り込むと言われていますが，正しく作り込まれたのがどうかを確認しなければなりません．しかし，検査には費用がかかります．工程能力を高くし，検査をできるだけ少なくすることが求められます．

することと，検査によって得られた品質情報を前工程にフィードバックしていくことで，プロセスの良し悪しを判定し，不適合製品（あるいはロット）が発生しない工程づくりにつなげていくことがあります．

2 検査の種類

検査を行うときに重要なことは，その時点で要求されている検査方法を的確に選択して，正しく活用することです．

分類	検査
検査の行われる段階	①受入検査（購入検査）
	②工程内検査（中間検査）
	③最終検査（出荷検査）
検査方法の性質	①破壊検査：製品を破壊する検査
	②非破壊検査：製品を破壊することなく行う検査
	③官能検査：人間の五感による検査
サンプリング方法	①全数検査：ロット内のすべての検査単位について行う検査
	②無試験検査：品質・技術情報に基づきサンプルの試験を省略する検査
	③間接検査：検査成績を確認することにより受入側の試験を省略する検査
	④抜取検査：ロットから，サンプルを抜き取り試験し調査する検査

3 抜取検査

抜取検査は，検査稼働が少なくてすむことが利点ですが，一部のサンプルしか試験していないため，合格・不合格の判定に誤判定となるリスクがあります．抜取検査は，そのリスクを設定した上で設計されます．

分類	説明	種類
規準型抜取検査	規準型とは，売り手と買い手の両者の保護を考えた検査方式	計数規準型一回抜取検査 計量規準型一回抜取検査
調整型抜取検査	検査の実績から品質水準を推測し，抜取検査方式を調整する検査 検査指標は，合格品質水準 AQL	検査の厳しさは "なみ検査"，"ゆるい検査"，"きつい検査" の3段階 検査の回数は，1回，2回，多回の3種類

計測をしたとしても，もし間違った計測器を使用したり，測定に誤差があったりすれば，その結果は信用できないので，計測の管理は大変重要です.

Point

- 計測の基本について正しく理解します.
- 計測の管理方法を理解します.
- 測定誤差の種類について理解します.

1 計測の基本

計測とは，JIS Z 8103（計測用語）では，"特定の目的をもって，測定の方法及び手段を考究し，実施し，その結果を用い所期の目的を達成させること"と定義しています. また，測定とは，"ある量をそれと同じ種類の量の測定単位と比較して，その量の値を実験的に得るプロセス"と定義しています. 測定の種類には，直接測定と間接測定があります. 直接測定とは，ノギスやマイクロメータなどの測定機器を用いて対象物の寸法を直接読み取る方法で，間接測定とは，測定物とブロックゲージなどとの寸法差を測定し，その測定物の寸法を知る方法です.

2 計測の管理

計測管理とは，"計測の目的を効率的に達成するため，計測の活動全体を体系的に管理すること"です. 計測管理には計測作業の管理と計測機器の管理があり

ます．計測作業の管理では，計測者及び計測方法に対して，計測手順などの標準を決め，それに基づく計測者の教育・訓練を行い，結果をフォローします．計測機器の管理とは，計測機器で測定した値が信頼性のある値であることを確認するために，計測機器を正しく管理（校正，検証など），使用することです．主な計測機器に関する実施事項は，以下になります．

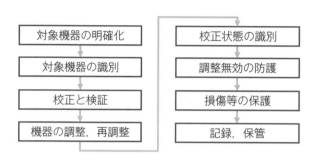

検定や校正に用いる社内の検査用基準器は，認定事業者による校正を受けることで国家計量標準又は国際計量標準へのトレーサビリティを確保することができます．

3 測定誤差の評価

計測して得た情報には，必ず多種多様の環境（測定者の状態，測定方法のばらつき，熱による変形，使用条件など）が影響して測定の誤差が含まれます．この誤差は，測定器に固有の誤差，測定者による誤差，測定方法による誤差，環境条件による誤差などがあります．これらの誤差を可能な限り減少させるために，測定作業の標準化及び標準書に基づく教育・訓練の仕組みづくりなどの管理が必要です．測定の誤差には以下の種類があります．

種類	説明
かたより	真の値（基準値）と測定された値の平均値との差
繰り返し性	一人の測定者が同じ測定器を用いて同じ部品の同じ特性を複数回測定して得られるばらつき
再現性	例えば，異なる測定者が同じ測定器を用いて同じ部品の同じ特性を測定する場合のばらつき
安定性	かたよりにおける時間的変化
直線性	測定器の使用範囲におけるかたよりの変化

確認テスト

問 1 以下の説明に該当する語句を，下欄の選択肢から選びなさい．ただし，各選択肢を複数回用いることはない．

① プロセスが管理状態にないこと．管理状態とは，技術的及び経済的に好ましい水準における安定状態をいう

② インプットを使用して意図した結果を生み出す，相互に関連する又は相互に作用する一連の活動

③ 作業者が交替した場合でも同じ作業が実施され，同じ成果が効率的に得られるように，作業とその手順を示したもの

④ N：ロットサイズ，n：サンプルサイズ，x：発見された不適合品の数，c：合格判定個数で表され，$x \leqq c$ であれば，ロットが合格となる

⑤ 材料・部品の受入から完成品出荷までの工程全体，あるいは重要な一部工程をフローチャートで示しながら，工程ごとに管理すべき品質特性とその管理方法を明らかにした図表

【選択肢】

ア．プロセス　　イ．QC工程図　　ウ．作業標準書

エ．工程異常　　オ．抜取検査方式

問 2 以下の説明に該当する検査方法を，下欄の選択肢から選びなさい．ただし，各選択肢を複数回用いることはない．

⑥ 品質・技術情報に基づきサンプルの試験を省略する検査

⑦ ロット内のすべての検査単位について行う検査

⑧ ロットから，サンプルを抜き取り試験し調査する検査

⑨ 検査成績を確認することにより受入側の試験を省略する検査

【選択肢】

ア．全数検査　　イ．無試験検査　　ウ．間接検査

エ．抜取検査

解答

①エ　②ア　③ウ　④オ　⑤イ　⑥イ　⑦ア　⑧エ
⑨ウ

第 **13** 章

品質経営の要素

13.1 方針管理

重要度
★★☆

主題
　組織全体で同じ方向に向かって目的を達成することが大切で，その
ための方策が方針管理です．

Point

● 方針管理の定義を正しく理解します．
● 方針管理の実施ステップを理解し，確実に実践します．
● 方針管理と日常管理のイメージを理解します．

1 方針管理の定義

　方針管理とは，経営理念やビジョンなどの経営基本方針に基づき，中・長期経営計画や短期経営方針を定め，それらを効果的・効率的に達成するために，組織全体の協力のもとに行われる活動です．経営方針は，経営責任者が策定しますが，ただ策定して終わりではだめで，その方針が達成できるように全員参加で活動することが重要です．

2 方針管理の実施ステップ

　方針管理の実施ステップにおいても，PDCA は重要です．PDCA を確実に回していくことが大切で，方針や目標を設定して後は何もしないというようなことにならないようにしなければなりません．計画を立てるだけでもだめであるし，実施だけして振り返らないというのもいけません．適宜，振り返りを行い，変更すべき点は変更し，方針・目標達成を確実なものとしなければなりません．

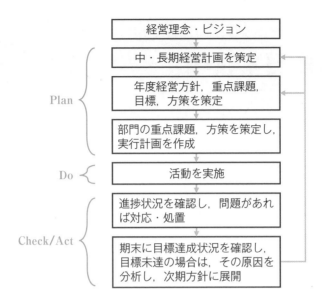

3 方針管理と日常管理のイメージ

　方針管理は，PDCA を回して大きく飛躍し，組織の目的・目標を達成する活動です．

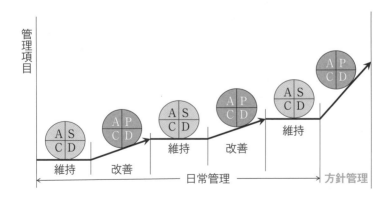

13.2 日常管理

主題

多くの従業員が理解し，実践すべき部門内で日常的に行われる管理が日常管理です．

Point

- 日常管理の定義を正しく理解します．
- 日常管理の進め方を理解し，確実に実践します．
- 方針管理や機能別管理との違いを理解します．

1 日常管理の定義

日常管理とは，組織の各部門において，日常的に実施しなければならない分掌業務について，その業務目的を効率的に達成するために必要なすべての活動のことです．

2 日常管理の進め方

日常管理の進め方は，組織により様々ですが，ここでは日常管理の進め方の例を以下に示します．

手順	概要	関連する活動やツール（例）
①	部門の分掌業務とその目的を明確にする.	業務分掌規程，QC 工程表など
②	目的のための管理項目と管理水準を定める.	QC 工程表など
③	目的を達成するための手順を明示した帳票などを整備する.	作業標準，作業マニュアルなど
④	③で規定された必要な要件（作業者への教育，材料，設備など）を準備する.	生産計画など
⑤	③の手順に従って実施する.	
⑥	②で規定した管理項目と管理水準の状況を把握する.	管理図，工程能力調査など
⑦	②の基準から外れる状況を検知し，しかるべき措置をとる.	応急処置，再発防止，変化点管理，異常処置など

3 方針管理と日常管理のイメージ

　日常管理は，SDCA を回しながら維持し，PDCA を回して日々改善を行う活動です．日常管理がしっかりできていない組織に方針管理はできません．

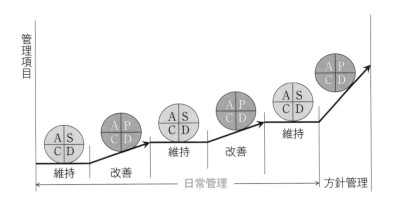

4 機能別管理との違い

　日常管理が各部門における管理運営であるのに対し，**機能別管理**は品質や原価など特定の経営目的を達成するための部門間連携の活動です．

13.3 標準化

主題
日常生活や業務において大切なのは，ルールや基準が明確になって皆がそれを共有することです．それが標準化です．

Point

- 標準と標準化の意味を理解します．
- 標準化の目的と意義を理解し，業務に活かします．
- 社内標準化と国際標準化を理解します．

1 標準と標準化の意味

　各自が勝手な考えで仕事をしていては，目的の達成ができず，できたとしても効率が悪くなります．業務を効率よく遂行するためには，統一された方法（ルール）が必要です．これが業務における**標準**です．

　標準を整備していくことを**標準化**といい，標準化により，互換性の確保，不適合やミスの防止，コスト削減などが期待できます．

2 標準化の目的と意義

　標準化の目的と意義は，メリットを考えると理解しやすいです．標準化のメリットを理解し，日常業務に活かすことが大切です．標準化の対象は，製品，業務規定，作業方法，試験方法など多岐にわたります．

142

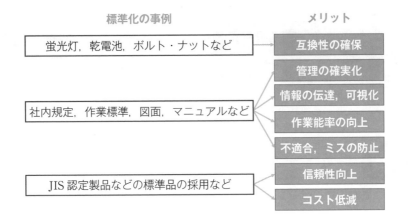

標準化の事例　　　　　　　　　　　　メリット

標準化の事例	メリット
蛍光灯，乾電池，ボルト・ナットなど	互換性の確保
	管理の確実化
社内規定，作業標準，図面，マニュアルなど	情報の伝達，可視化
	作業能率の向上
	不適合，ミスの防止
JIS認定製品などの標準品の採用など	信頼性向上
	コスト低減

3 社内標準化

　社内標準化とは，会社などの組織内における標準化のことです．社内の関係者の同意に基づき，さらに社外の関連規格との調和を図りながら，仕事のやり方，生産方法，製品・材料の仕様などを単純化・統一化しつつ，最適になるように基準を制定・改定し，それを活用します．

4 産業標準化，国際標準化

　日本では，産業標準化法に基づいて "日本産業規格の制定" と "日本産業規格への適合性に関する制度（JISマーク表示認証制度及び試験所登録制度）" が運営されています．国際的に標準化が進められており，階層的に展開されています．

分類	代表例
国際標準	ISO（国際標準化機構），IEC（国際電気標準会議）
地域標準	CEN（欧州標準化委員会），CENELEC（欧州電気標準化委員会）
国家標準	JIS（日本），ANSI（米国），DIN（ドイツ），BS（英国）
団体標準	ASTM（米国試験材料協会），ASME（米国機械学会）
社内標準	各組織の社内標準

職場の小集団活動により改善を進め，組織の目的のみならず，自分たちのモチベーションアップを目指します．人材育成の一環でもあります．

Point

- 小集団活動の目的や進め方を理解します．
- 人材育成の方法や考え方を理解します．

1 小集団活動

　小集団活動とは，10 人以下程度の従業員により小集団を構成し，グループ活動を通じてモチベーション（意欲）を高めて，組織の目的を有効に達成しようとするものです．活動テーマは，経営層から与えられるのではなく，自分たちで設定します．小集団活動の中には，同じ職場で集まって活動する職場別グループと，ある目的のために組織された目的別グループとがあります．

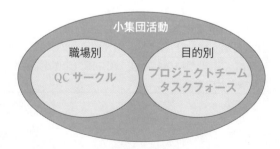

2 人材育成

　人材育成とは，組織の継続的な成長のために必要な新しい能力やスキルを身につけるために行われる取組みのことで，育成の手段は様々です．その手段として大きく分けると，OJT（On the Job Training）と Off-JT（Off the Job Training）に分けることができます．**OJT** は，職場そのものを教育の場として，上司や先輩が，部下や後輩に対して日常の職務遂行上必要な知識・技能を，仕事を通じて育成することです．

　一方，**Off-JT** には，現在の仕事や職場を離れて行う組織内教育や組織外での研修・セミナーがあります．OJT だけではトレーナーの質，能力，特性によってばらつきやかたよりがあり，仕事に対する視野が狭くなるなど，人材を十分に活かせない場合があるので，Off-JT も有効に活用します．

　Off-JT の中には部門に関係なく，ある階層の全社員に必要な階層別教育と，階層には関係なく，部門の担当業務の内容に応じて必要となる職能別教育があります．管理層向けに部下の育成について教育する場合や，新入社員向けに品質管理の基礎を教育する場合などが階層別教育に該当します．開発部門向けに QFD や FMEA を教育する場合や，製造部門向けに統計的工程管理を教育する場合が部門別教育に該当します．

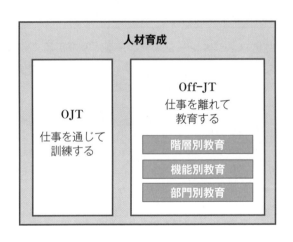

13.5 品質マネジメントシステム

よりよい製品やサービスを提供するための組織の仕組みが**品質マネジメントシステム**です．品質マネジメントシステムの国際規格が ISO 9001 です．

Point

- 品質マネジメントについて七つの原則が示されています．
- ISO 9001 は，品質マネジメントの原則に基づき規定されています．
- ISO 9001 は，品質保証や顧客満足の向上を目指す組織に適用します．

1 品質マネジメントの原則

JIS Q 9000（品質マネジメントシステム―基本及び用語）では，七つの品質マネジメントの原則について説明されており，その根拠，主な便益，取り得る行

原則	説明
顧客重視	目先の利益にとらわれずに，お客様を重視した経営をしよう．
リーダーシップ	リーダーが皆を引っ張って目指す方向に向かおう．
人々の積極的参加	品質マネジメントシステムに全員参加でのぞもう．
プロセスアプローチ	品質はプロセスで作り込もう．
改善	継続的に改善に取り組もう．
客観的事実に基づく意思決定	勘や憶測だけでものごとを判断するのではなく，客観的なデータや情報で判断しよう．
関係性管理	購買先，外注委託先などの外部提供者とは，共存共栄で一緒にがんばろう．

動について示されています．また，JIS Q 9001（品質マネジメントシステム─
要求事項）の序文では，"この規格は，JIS Q 9000 に規定されている品質マネジ
メントの原則に基づいている"と記述しており，品質マネジメントシステムの基
本となる原則であることがわかります．

2 ISO 9001

ISO 9001 とは，国際標準化機構が発行している品質マネジメントの国際規格
であり，日本では，ISO 9001 をもとに，技術的内容及び構成を変更することな
く作成した JIS Q 9001 が発行されています．この表題は，"品質マネジメント
システム─要求事項"となっており，品質マネジメントシステムに関する基本的
な要件を規定しています．したがって，品質マネジメントシステムを構築する際
は，ISO 9001 を考慮に入れることが大切です．

ISO 9001 は，序文，箇条 1 適用範囲，箇条 2 引用規格，箇条 3 用語及び定
義，箇条 4 組織の状況，箇条 5 リーダーシップ，箇条 6 計画，箇条 7 支援，
箇条 8 運用，箇条 9 パフォーマンス評価，箇条 10 改善という構成になってい
て，要求事項は箇条 4 から箇条 10 までとなっています．要求事項は PDCA で
整理されていて，以下のイメージとなっています．

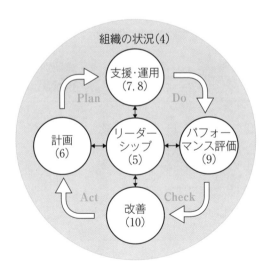

確認テスト

問1 以下の説明に該当する語句を，下欄の選択肢から選びなさい．ただし，各選択肢を複数回用いることはない．

① 表題が"品質マネジメントシステム―要求事項"となっており，品質マネジメントシステムに関する基本的な要件を規定している

② 組織の各部門において，日常的に実施しなければならない分掌業務について，その業務目的を効率的に達成するために必要なすべての活動

③ 品質や原価など特定の経営目的を達成するための部門間連携の活動

④ 職場そのものを教育の場として，上司や先輩が，部下や後輩に対して日常の職務遂行上必要な知識・技能を，仕事を通じて育成すること

⑤ 経営基本方針に基づき，中・長期経営計画や短期経営方針を定め，それらを効果的・効率的に達成するために，組織全体の協力のもとに行われる活動

⑥ 現在の仕事や職場を離れて行う組織内教育や組織外での研修・セミナーに参加すること

【選択肢】

ア．方針管理　　イ．日常管理　　ウ．機能別管理

エ．OJT　　　　オ．Off-JT　　　カ．ISO9001（JIS Q 9001）

問2 以下の標準化の事例のメリットとして該当する語句を，下欄の選択肢から選びなさい．ただし，各選択肢を複数回用いることはない．

⑦ 社内規定，作業標準，図面マニュアルなど

⑧ JIS認定製品などの採用など

⑨ 蛍光灯，乾電池，ボルト・ナットなど

【選択肢】

ア．信頼性向上　　イ．不適合・ミスの防止　　ウ．互換性の確保

解答

①カ ②イ ③ウ ④エ ⑤ア ⑥オ ⑦イ ⑧ア
⑨ウ

参考文献

1）森口繁一編（1989）：新編　統計的方法　改訂版，日本規格協会
2）仁科健編：品質管理と標準化セミナーテキスト7 統計的工程管理と管理図，日本規格協会
3）仁科健監修（2021）：品質管理の演習問題［過去問題］と解説 QC 検定レベル表実践編　QC 検定試験 3 級対応，日本規格協会
4）吉澤正編（2004）：クォリティマネジメント用語辞典，日本規格協会

索引

INDEX

合格をつかむ！QC 検定 3 級 重要ポイントの総仕上げ

2024 年 3 月 1 日　第 1 版第 1 刷発行

編　　者　仁科　健
発 行 者　朝日　弘
発 行 所　一般財団法人 日本規格協会
　　　　　〒 108-0073　東京都港区三田 3 丁目 13-12 三田 MT ビル
　　　　　https://www.jsa.or.jp/
　　　　　振替　00160-2-195146
製　　作　日本規格協会ソリューションズ株式会社
製作協力・印刷　三美印刷株式会社

© Ken Nishina, et al., 2024　　　　　　　　　Printed in Japan
ISBN978-4-542-50530-8

● 当会発行図書，海外規格のお求めは，下記をご利用ください．
　JSA Webdesk（オンライン注文）：https://webdesk.jsa.or.jp/
　電話：050-1742-6256　E-mail：csd@jsa.or.jp

品質管理検定（QC検定）対策書

2015 年改定レベル表対応
品質管理検定教科書
QC 検定 3 級

仲野　彰　著
A5 判・296 ページ
定価 2,750 円（本体 2,500 円＋税 10％）

2015 年改定レベル表対応
品質管理の演習問題と解説［手法編］
QC 検定試験 3 級対応

久保田洋志　編
A5 判・280 ページ
定価 2,530 円（本体 2,300 円＋税 10％）

品質管理の演習問題［過去問題］と解説
QC 検定レベル表実践編
QC 検定試験 3 級対応

監修・委員長　仁科　健
QC 検定過去問題解説委員会　著
A5 判・274 ページ
定価 2,750 円（本体 2,500 円＋税 10％）

過去問題で学ぶ QC 検定 3 級
2024 年版

2021 年 3 月〜
2023 年 9 月
実施 6 回分
（31〜36 回）収録

監修・委員長　仁科　健
QC 検定過去問題解説委員会　著
A5 判・380 ページ
定価 3,190 円（本体 2,900 円＋税 10％）

日本規格協会

https://webdesk.jsa.or.jp/